高等学校教材

工程材料及成形基础学习指导

第二版

王宏宇　主编
姜银方　刘新佳　主审

化学工业出版社
·北京·

本书是根据高等学校工程材料及成形基础系列课程教学大纲要求编写的课程辅导教材。全书分为四部分，第一、第二部分别对机械工程材料、材料成形基础各章的内容进行了归纳整理，对重点难点内容运用了"图表归纳法"、"特征分析法"、"口诀助记法"、"条件筛选法"等四种方法进行学习指导；第三部分对材料选择及应用和毛坯成形方法选择两个专题的课堂讨论及设计型实验进行指导；第四部分提供了九套模拟试题，其中，多学时（60学时）、少学时（45学时）模拟试题各4套，研究生入学考试模拟试题1套。

本书可作为高等学校工程材料及成形基础系列课程的学习辅导书，也可作为相关专业自学者的参考用书。

图书在版编目（CIP）数据

工程材料及成形基础学习指导/王宏宇主编．—2版．
北京：化学工业出版社，2012.1（2025.2重印）
高等学校教材
ISBN 978-7-122-12841-6

Ⅰ．工… Ⅱ．王… Ⅲ．工程材料-成型-高等学校-教材 Ⅳ．TB3

中国版本图书馆CIP数据核字（2011）第238785号

责任编辑：程树珍　金玉连　　　　　　　　装帧设计：刘丽华
责任校对：郑　捷

出版发行：化学工业出版社（北京市东城区青年湖南街13号　邮政编码100011）
印　　装：北京建宏印刷有限公司
787mm×1092mm　1/16　印张9¾　字数232千字　2025年2月北京第2版第11次印刷

购书咨询：010-64518888　　　　　　　　　售后服务：010-64518899
网　　址：http://www.cip.com.cn
凡购买本书，如有缺损质量问题，本社销售中心负责调换。

定　价：25.00元　　　　　　　　　　　　　　　　版权所有　违者必究

前 言

"工程材料及成形基础"是机械类专业的一门主要技术基础课,高等学校中几乎所有的工科专业均开设这门课程,而且近年来有不少高等学校将其作为研究生入学考试专业课之一。同时,随着高等教育改革的不断深入,强化基础和学时锐减的矛盾日益突出,更强调学生自主学习能力的培养,对辅导教材的需求越来越迫切。

本次再版主要修订的内容和特点如下。

1. 优化布局。按照国家教育部最新颁布的课程教学要求及相关院校最新教学大纲,重新梳理每章内容;此外,鉴于目前很多教材在每章后给出了大量复习思考题,为避免不必要的重复,删除了原有每章中的复习思考题及习题部分。

2. 强化特色。进一步强化了"图表归纳法"、"特征分析法"、"口诀助记法"、"条件筛选法"等四种方法的运用,丰富和扩充了每章重难点分析及学习指导和典型习题例解两个部分。

3. 注重实用。第1版第一部分第七章、第二部分第五章和第三部分综合设计型实验指导在实际教学中应用较少,本次再版将前述各部分综合为课堂讨论及设计型实验指导;此外,针对第1版第四部分中材料成形基础模拟试题单独使用较少,将其与机械工程材料模拟试题进行了融合,重新编写了针对多学时(60学时)、少学时(45学时)和研究生入学考试相应的工程材料及成形基础模拟试题。

4. 完善内容。由于第1版成书时间比较紧张,故对自测题和模拟题参考答案不够详细,同时也存在非金属材料及其成形相关内容不够系统等问题,本次再版对这些内容进行了完善。

本书由王宏宇担任主编,崔熙贵、崔承云和吴雪莲担任副主编,姜银方教授和江南大学刘新佳教授担任主审,全书由王宏宇负责统稿。参加本次修订编写工作的还有扬州大学缪宏、苏州大学王明娣、黄山学院汪洪峰和泰州职业技术学院王荣等。江苏大学机械工程学院工程材料及成形基础课程组的其他老师对本次再版修订提出了众多宝贵意见,江苏大学机械设计制造及其自动化专业09级的李尧、穆丹、王金涛等同学参与了文字校对工作,在此一并致谢。

由于编者水平所限,书中难免有错误和不妥之处,敬请同行和读者批评指正。

编 者

2011年9月

于江苏镇江

第一版前言

本书是根据高等学校工程材料及成形基础系列课程教学大纲要求编写的学习辅导教材。全书包括工程材料及成形基础课程各章内容的学习指导、综合设计型课程实验指导和模拟试题等内容。学习指导部分阐明了各章的学习内容与学习要求，指出了各章学习的重点和难点，对重点、难点内容进行了较为详细地分析，运用了"图表归纳法"、"特征分析法"、"口诀助记法"、"条件筛选法"等四种方法进行学习指导，精选了一定数量的典型例题和复习思考题，每章后都提供了自测题，并附录了相应的参考答案。综合设计型课程实验指导部分选编了两个实验，突出强化了综合性和设计性，着重于培养学生动手能力、分析问题解决问题的能力、科研创新意识和精神。模拟试题部分提供了接近考查真题的模拟试题十套，包括是非题、选择题、填空题、简答题和综合题等形式，从不同的角度提出问题，以达到消化、巩固和加深所学知识的目的。

本书可作为高等学校相关专业学生学习《工程材料及成形基础》、《机械工程材料》、《材料成形基础》、《工程材料及应用》、《机械制造基础（热加工）》、《材料学概论》、《金属材料及热处理》等课程的参考教材。

本书是在江苏大学机械工程学院工程材料及机械制造基础课程组（原金工教研室）编写的自编作业题集和习题集的基础上，结合多年来教授这门课程的众多教师的集体智慧和大量的教学经验，适应新的教学体系和完全学分制的要求下编写完成的。本书由王宏宇、张洁、王海彦任主编，由王宏宇负责统稿，由许晓静、姜银方、刘新佳任主审。

本书在编写过程中得到了江苏大学机械工程学院、江南大学机械工程学院领导的大力支持，同时吸取了许多教师对编写工作所提的宝贵意见，在此一并致谢。本书在编写时，还参考了众多和本课程相关的教材、习题集、实验指导书等书籍和资料，所用参考文献均已列于书后，在此对有关出版社和作者表示衷心感谢。

由于编者水平和经验所限，书中难免有错误和不妥之处，敬请同行和读者批评指正。

编　者
2005 年 9 月
于江苏镇江

目 录

第一部分 机械工程材料学习指导 ... 1

1. 材料的内部结构 ... 1
- 1.1 学习内容与学习要求 ... 1
- 1.2 重难点分析及学习指导 ... 1
- 1.3 典型习题例解 ... 3
- 1.4 本章自测题 ... 4

2. 工程材料的力学性能 ... 7
- 2.1 学习内容与学习要求 ... 7
- 2.2 重难点分析及学习指导 ... 7
- 2.3 典型习题例解 ... 9
- 2.4 本章自测题 ... 10

3. 二元合金及相变基本知识 ... 13
- 3.1 学习内容与学习要求 ... 13
- 3.2 重难点分析及学习指导 ... 13
- 3.3 典型习题例解 ... 19
- 3.4 本章自测题 ... 22

4. 材料的改性 ... 25
- 4.1 学习内容与学习要求 ... 25
- 4.2 重难点分析及学习指导 ... 25
- 4.3 典型习题例解 ... 27
- 4.4 本章自测题 ... 28

5. 金属材料 ... 31
- 5.1 学习内容与学习要求 ... 31
- 5.2 重难点分析及学习指导 ... 31
- 5.3 典型习题例解 ... 35
- 5.4 本章自测题 ... 37

6. 非金属材料 ... 39
- 6.1 学习内容与学习要求 ... 39
- 6.2 重难点分析及学习指导 ... 39
- 6.3 典型习题例解 ... 42
- 6.4 本章自测题 ... 42

机械工程材料部分自测题参考答案 ... 45

第二部分 材料成形基础学习指导 ········· 51

7. 金属液态成形（铸造） ········· 51
- 7.1 学习内容与学习要求 ········· 51
- 7.2 重难点分析及学习指导 ········· 51
- 7.3 典型习题例解 ········· 57
- 7.4 本章自测题 ········· 59

8. 金属塑性成形（锻压） ········· 62
- 8.1 学习内容与学习要求 ········· 62
- 8.2 重难点分析及学习指导 ········· 62
- 8.3 典型习题例解 ········· 66
- 8.4 本章自测题 ········· 68

9. 材料焊接成形 ········· 71
- 9.1 学习内容与学习要求 ········· 71
- 9.2 重难点分析及学习指导 ········· 71
- 9.3 典型习题例解 ········· 73
- 9.4 本章自测题 ········· 76

10. 非金属材料的成形 ········· 79
- 10.1 学习内容与学习要求 ········· 79
- 10.2 重难点分析及学习指导 ········· 79
- 10.3 典型习题例解 ········· 80
- 10.4 本章自测题 ········· 81

材料成形基础自测题参考答案 ········· 84

第三部分 课堂讨论及设计型实验指导 ········· 88

11. 材料的选择及应用专题 ········· 88
- 11.1 课堂讨论相关指导 ········· 88
- 11.2 典型讨论题示例 ········· 89
- 11.3 可选讨论题 ········· 91
- 11.4 设计型实验 ········· 91

12. 毛坯成形方法选择专题 ········· 93
- 12.1 课堂讨论相关指导 ········· 93
- 12.2 典型讨论题示例 ········· 94
- 12.3 可选讨论题 ········· 95
- 12.4 设计型实验 ········· 95

第四部分 模拟试题 ········· 96

- 模拟试题一（多学时用） ········· 96
- 模拟试题二（多学时用） ········· 100
- 模拟试题三（多学时用） ········· 104
- 模拟试题四（多学时用） ········· 108

模拟试题五（少学时用） ··· 112
模拟试题六（少学时用） ··· 115
模拟试题七（少学时用） ··· 118
模拟试题八（少学时用） ··· 121
模拟试题九（研究生入学考试用） ··· 124

模拟试题参考答案 ·· 131

参考文献 ··· 145

第一部分 机械工程材料学习指导

1. 材料的内部结构

1.1 学习内容与学习要求

1.1.1 学习内容
晶体中原子结合键，晶体结构，晶体的缺陷；合金的相结构，高聚物的结构，陶瓷的组织结构。

1.1.2 学习要求
① 了解金属晶体中原子键合类型和排列方式。
② 熟悉三种典型金属晶体结构的特点。
③ 熟悉实际金属中晶体缺陷的种类、几何特征及其对材料性能的影响。
④ 能区分晶体与非晶体、单晶体与多晶体。
⑤ 熟悉合金中的相结构，掌握固溶体和化合物两种基本相结构及性能特点。
⑥ 了解高聚物的结构特点和性能特征，能够从分子运动这一内在因素来分析二者之间的联系。
⑦ 了解陶瓷的主要组成相及其对性能的影响。

1.2 重难点分析及学习指导

1.2.1 重难点分析
工程材料通常是固态物质，其组成微粒可以是原子、离子或分子，这些粒子之间通过化学键（离子键、共价键或金属键）或分子间作用力结合在一起。金属材料是传统的工程材料，应用极为广泛，绝大多数的金属材料都是晶体材料。金属的晶体结构是决定其性能的根本性因素，为此本章重点介绍了金属材料的晶体结构，同时对实际金属材料的结构特点（晶体缺陷）等基础知识作了详细分析。高分子材料在现代工程应用领域的地位日益突出，因此，对高分子材料结构与性能的了解也是本章的一个重要的知识点。

本章学习的重点可简要总结为：三种典型金属晶体结构的特点，金属的结晶过程，晶体缺陷的种类、主要形式及其对材料性能的影响，合金中的相结构，高分子材料的结构和性能，陶瓷材料的组成。难点是对晶体结构相关概念、晶体缺陷以及高分子结构的深入理解。

1.2.2 学习指导
学习本章内容，基本概念是前提和基础，这些基本概念均可以采用"图表归纳法"进行学习。

首先,需要加深对晶体概念的理解。因为无论是金属材料、高分子材料还是陶瓷材料,都可能有晶体成分。判断一种固体材料是晶体还是非晶体,关键是看其组成粒子(离子、原子或分子)在三维空间的排列是否有规律性,同时要了解这一特征结构对材料性能的重要影响。表1-1给出了晶体与非晶体的性能对比。研究晶体结构就是研究晶体中这些微粒间的作用力及其在空间的排布方式。按照晶体内部粒子之间的结合方式可以将晶体分为四种基本类型,如表1-2所示。

表 1-1 晶体与非晶体的性能对比

特征	晶体	非晶体
几何外形	规则	不规则
熔点	固定	不固定
方向性能	各向异性	各向同性

表 1-2 晶体类型

类别	离子晶体	原子晶体	金属晶体	分子晶体
存在的微粒	阴阳离子	原子	金属离子、自由电子	分子
微粒间的作用	离子键	共价键	金属键	范德华力
主要性质	硬而脆,熔点高,熔化后能导电	硬度高,熔点高,导电性差	硬度、熔点范围大,是热和电的良导体	硬度低,熔点低,水溶液可导电
实例	食盐	金刚石	镁、铝	氯化氢

其次,金属材料的晶体结构是这一章的重要内容,主要从以下三个方面来进行学习。

① 理想金属的结构,要求熟悉三种典型金属晶体结构的特点(表1-3)。

表 1-3 三种典型金属晶体结构的特点

晶格类型	晶格常数	原子数	原子半径	致密度	典型金属
体心立方晶格	a	2	$\frac{\sqrt{3}}{4}a$	0.68	α-Fe、δ-Fe、W
面心立方晶格	a	4	$\frac{\sqrt{2}}{4}a$	0.74	γ-Fe、Cu、Al
密排六方晶格	c/a	6	$\frac{1}{2}a$	0.74	Zn、Mg、α-Ti

② 实际金属的结构,了解实际金属的晶体结构不像理想晶体那样规则和完整,即存在晶体缺陷。掌握实际晶体中的点、线、面缺陷的种类、主要形式及其对材料性能的影响(表1-4)。另外,了解金属结晶的基本过程:先形核、后长大;了解纯铁在冷却过程中的同素异晶转变过程。

表 1-4 实际金属材料的晶体缺陷

缺陷种类	主要形式	对材料性能的影响
点缺陷	空位、间隙原子	强度、硬度提高,固溶强化等
线缺陷	位错	加工硬化等
面缺陷	晶界、亚晶界	易腐蚀,细晶强化等

③ 合金的晶体结构。

合金中的相结构包括固溶体、金属化合物和机械混合物三大类，其中固溶体又分为间隙固溶体和置换固溶体，而金属化合物可分为正常价化合物、电子化合物、间隙相和具有复杂结构的间隙化合物。一般对于固溶体的基本知识要求较高，而对化合物要求不高。因此，学习中要重点掌握有关两种固溶体的形成、结构、性能特征及其在合金中所起的作用，对于化合物则可概括性掌握其相关知识点。关于固溶体和化合物的特征比较见表 1-5。

表 1-5 合金相结构的特征

类别	分类	在合金中所起作用	主要力学性能
固溶体	间隙固溶体	基体相	塑性、韧性好，强度比纯组元高
	置换固溶体	提高塑性、韧性	
化合物	金属化合物	强化相，提高强度、硬度、耐磨性	熔点高、硬度高、脆性大

再次，学习高分子材料时，可将高分子结构的内容梳理成两条线索：一是高聚物的链结构——主要侧重于单个分子（链）的结构和形态，包括高分子链的化学组成和大小、高分子链的构型与构象、高分子链的支化与交联以及高分子的柔顺性；二是聚集态结构——主要侧重于高分子链之间的排列和堆砌，掌握分子间作用力是大分子链之间相互作用的主要方式，依据分子链的排列是规则还是杂乱无章可将高聚物分为结晶高聚物和无定型高聚物两种，一个大分子链可以穿过几个晶区和非晶区，高聚物的分子链越长，构象数目越多，材料的柔顺性越强。

最后，陶瓷材料的化学键类型主要为离子键和共价键两种，而且是多晶多相材料，其内部结构比金属要复杂得多。从工程应用角度出发且结合机械工程专业特点，本章在陶瓷结构方面主要强调如下几个方面的内容：熟悉陶瓷晶相、玻璃相和气相三个组成相的作用，明确晶相对陶瓷材料的性能起决定性作用，初步掌握各种结构的化学键组成和静态结构特点。

1.3 典型习题例解

【例 1-1】 计算体心立方晶格结构（晶格常数为 a）中，每个晶胞所含原子数、原子半径及致密度。

分析 首先，要清楚体心立方晶格结构中原子的排列方式是在 8 个角点上各分布与周围 7 个晶胞共用的 1 个原子，中心分布一个独立原子；其次，要清楚只有在原子最紧密晶向上才能建立起原子半径和晶格常数之间的关系；最后，还要知道致密度指的是原子体积占整个晶胞体积的百分数。

解题/答案要点

① 原子数 $\quad n = 8 \times \dfrac{1}{8} + 1 = 2$

② 原子半径 $\quad r = \sqrt{3}\,a/4$

③ 致密度为 $\quad \dfrac{4\pi r^3}{3} \times 2 \div a^3 = 0.68$

【例 1-2】 已知纯铝的原子直径是 0.28683nm，求 $1\mu m^3$ 纯铝中铝原子的个数。

分析 首先要明确 $1\mu m^3$ 纯铝中并不是都是铝原子，还存在间隙，这就需要建立 $1\mu m^3$

纯铝中含有多少个晶胞，1个晶胞中有几个铝原子。这里的要点在于纯铝的晶体结构是面心立方晶格，其原子半径与晶格常数之间存在 $r=\sqrt{2}a/4$ 的关系。

解题/答案要点

① $r=\sqrt{2}a/4$，$d=2r$；计算出 $a=4r/\sqrt{2}=2d/\sqrt{2}=0.40564$（nm）；
② 晶胞的体积 a^3；计算 $1\mu m^3$ 纯铝中晶胞的个数 $N=1\times10^9/0.40564^3=1.4982\times10^{10}$；
③ 纯铝属于面心立方晶格，其原子数为 4；$n=4N=4\times1.4982\times10^{10}=5.9928\times10^{10}$；
④ $1\mu m^3$ 纯铝中铝原子的个数约为 6×10^{10}。

1.4 本章自测题

1. 是非题

（1）α-Fe 比 γ-Fe 的致密度小，故溶碳能力较大。（　　）
（2）金属多晶体是由许多位向相同的单晶体所构成的。（　　）
（3）金属理想晶体的强度比实际晶体的强度高。（　　）
（4）实际晶体的缺陷总是使材料强度硬度下降而不会使其提高。（　　）
（5）线型高聚物的柔顺性比网型高聚物好。（　　）
（6）金属键中自由电子在外电场作用下作定向移动，因而金属具有导电性。（　　）
（7）金属的晶粒越细，其强度越高，塑性越好。（　　）
（8）非晶态物质的原子在三维空间是无规则分布的。（　　）
（9）置换固溶体的强度一般高于间隙固溶体。（　　）
（10）陶瓷材料的性能主要取决于组成它的晶相。（　　）

2. 选择题

（1）在三种常见的金属晶体结构中，原子排列最疏松的是（　　）。
　　A. 体心立方晶格　　B. 面心立方晶格　　C. 密排六方晶格　　D. 三种都一样
（2）实际晶体中的线缺陷表现为（　　）。
　　A. 空位　　　　　B. 间隙原子　　　　C. 位错　　　　　　D. 晶界
（3）晶体和非晶体的主要区别是（　　）。
　　A. 晶体中原子有序排列　　　　　B. 晶体中原子依靠金属键结合
　　C. 晶体具有各向异性　　　　　　D. 晶体具有简单晶格
（4）高分子材料的结合键主要为（　　）。
　　A. 金属键　　　　　　　　　　　B. 共价键或分子键
　　C. 离子键或共价键　　　　　　　D. 共价键
（5）多晶体与单晶体在性能上的主要区别是（　　）。
　　A. 多晶体有晶界　　　　　　　　B. 多晶体中相邻晶粒的晶体位向不同
　　C. 多晶体无各向异性　　　　　　D. 多晶体的性能具有方向性
（6）亚晶界的结构是（　　）。
　　A. 由点缺陷堆积而成　　　　　　B. 由晶界间的相互作用构成
　　C. 由位错排列而成　　　　　　　D. 由杂质和空位混合而成
（7）固溶体的晶体结构（　　）。
　　A. 与溶剂的相同　　　　　　　　B. 与溶质的相同

C. 与溶剂、溶质的都不同　　　　　　D. 是两组元各自结构的混合
(8) 间隙固溶体和间隙化合物的（　　）。
　　A. 结构相同，性能不同　　　　　　B. 结构不同，性能相同
　　C. 结构相同，性能相同　　　　　　D. 结构和性能都不同
(9) 金属的原子键合方式是（　　）。
　　A. 离子键　　　　B. 共价键　　　　C. 金属键　　　　D. 分子键
(10)（　　）不是陶瓷材料中玻璃相的主要作用。
　　A. 将分散的晶相粘接　　　　　　　B. 抑制晶粒长大
　　C. 填充气孔　　　　　　　　　　　D. 决定陶瓷的主要性能

3. 填空题
(1) γ-Fe 的晶体结构是_____，晶胞中的原子数为_____个，原子半径为_____。
(2) 实际晶体中点缺陷主要有_____。
(3) 晶界和亚晶界属于晶体中_____缺陷。
(4) 高聚物的性能不仅与其_____有关，而且还取决于其_____和_____。
(5) 陶瓷材料的基本组成相有_____、_____、_____等三种。
(6) 位错密度是指_____，其单位是_____。
(7) 形成置换固溶体的条件一般有_____、_____和_____。
(8) 晶胞指的是_____。
(9) 合金的相结构有_____和_____两大类。
(10) 能够较为明显提高金属材料的强度和硬度，同时又不会明显降低其塑性和韧性的强化方法称作_____。

4. 简答题
(1) 计算体心立方晶胞的原子数、原子半径和致密度。

(2) 简述金属键的基本结构，说明金属的性能和其之间的联系。

(3) 何为柔顺性,影响柔顺性的因素有哪些?

(4) 简述晶界的结构及特性。

2. 工程材料的力学性能

2.1 学习内容与学习要求

2.1.1 学习内容

静态力学性能及指标；动态力学性能及指标；高低温性能；金属单晶体和实际金属的塑性变形；金属的再结晶；热加工与冷加工；高聚物的力学状态。

2.1.2 学习要求

① 掌握拉伸曲线所反映的材料的各项性能、硬度测试方法及其适用范围。
② 熟悉冲击韧性、疲劳强度和断裂韧性的物理意义及其测试条件。
③ 了解温度对材料力学性能的大致影响规律。
④ 熟悉单晶体弹性变形和塑性变形的实质、主要方式及区别。
⑤ 掌握金属的组织与性能在塑性变形中的变化。
⑥ 掌握再结晶的实质及其对冷塑性变形后的金属的组织和性能的影响。
⑦ 熟悉再结晶温度的概念及其影响因素。
⑧ 了解冷加工和热加工的区别及热加工对金属组织和性能的影响。
⑨ 了解高分子聚合物的分子链运动方式、力学状态的显著特点及其对温度的依赖性、结晶和交联对高分子聚合物力学性能的影响。

2.2 重难点分析及学习指导

2.2.1 重难点分析

工程材料的力学性能是工程材料研究和应用的基础问题。这是因为材料的力学性能通常是工程结构或部件设计的重要参数和依据，也是新材料由研发进入实用的基本考核条件；此外，机械结构的失效多数属于在服役过程中的工程材料未能达到要求的力学性能。由此可见，工程材料的力学性能在工程材料的应用和研究中占有重要地位。

本章学习的重点为评价材料力学性能的各项指标、测试方法及其工程实用意义。单晶体金属塑性变形的微观机制，多晶体的塑性变形过程，冷变形强化；再结晶的实质，消除内应力退火，细晶强化。难点是滑移的位错理论，晶界和晶粒位向对实际金属塑性变形的影响和冷变形强化现象。

2.2.2 学习指导

工程材料的力学性能涉及较多的指标，在学习时通常容易产生混淆，学生反应不容易记忆。对于本章内容的学习，首先"要细"，每一项力学性能，每一种测试方法以及每一个参数都要仔细研究，强调的是对工程材料力学性能的梳理，知识点覆盖面要广；再者"要精"，从中提炼出重点，并对重点内容深入研究，进行强化理解和记忆，对于重点内容的把握，主要以工程应用为依据。

学习本章内容时，要特别注意对相关基本概念的理解和区分。例如，材料的力学性能，是指材料在一定条件下承受外加载荷时所表现出的行为（通常表现为变形和断裂），强调的是材料对外力的抵抗特性。强度和弹性模量是材料力学性能的重要指标，前者用于评价材料的承载能力，后者用来衡量材料抵抗变形的能力。在工程上将弹性模量称为刚度，机械零件的刚度取决于材料的弹性模量，同时受到零件形状和尺寸的影响。再如，静态力学性能与动态力学性能。静态力学性能是指材料在恒定或单调递增应力（或应变）作用下的行为，在此静载荷作用下，构件各部分处于静力学平衡状态，构件内各点应力与时间无关。动态力学性能是指材料在机械振动条件下，即在交变应力（或交变应变）作用下做出的响应。常见的动载荷有惯性载荷、冲击载荷和交变载荷。

对于力学性能指标相关内容的学习，可以采用"图表归纳法"。下面列出了常用力学性能指标的表格（表2-1）和硬度指标的表格（表2-2），供学习时参考。关于性能指标符号也可以采用"特征分析法"进行记忆。例如，布氏硬度"HBW"，"H"的含义为"Hardness"（硬度）的首字母，"B"为布氏，这两者比较容易理解；但是，对于"W"就觉得有些困难，其实"W"指的是测试时所使用的压头，布氏硬度所用压头为硬质合金球，硬质合金中主要的成分为"WC"，"WC"—"W"，就不难理解也容易记忆了。

表2-1 常用力学性能

名　　称	符号	单位	物理意义
应力	R	Pa	试样单位面积上所承受的附加内力
应变	ε	—	试样长度在变形前后的改变量与初始长度之比
弹性模量	E	$N \cdot m^{-2}$	材料在弹性变形范围内，应力和应变的比值
弹性极限	R_e	Pa	不产生永久变形的最大应力
抗拉强度	R_m	MPa	材料产生最大均匀变形的抗力，反映材料的最大载荷能力
上屈服强度	R_{eH}	MPa	试样发生屈服而应力首次下降前的最高应力
下屈服强度	R_{eL}	MPa	屈服期间，不计初始瞬时效应时的最低应力
疲劳强度极限	R_{-1}	MPa	材料在无数次重复的交变载荷作用下而不致断裂的最大应力
断裂伸长率	A	—	试样断裂后，其伸长量与初始长度的比值
断面收缩率	Z	—	试样断裂后，其断面收缩量与断面初始截面积的比值
残余伸长率	$R_{r0.2}$	MPa	伸长率为0.2%时的残余伸长率
冲击韧性	a_K	$J \cdot cm^{-2}$	单位面积所吸收的功
断裂韧性	K_{IC}	$MN \cdot m^{-2/3}$	裂纹起始扩展抗力

表2-2 常用硬度符号、试验条件和应用举例

硬度种类	硬度符号	压头类型	常用试验载荷/kgf	硬度值有效范围	典型应用举例
布氏硬度	HBW	Φ10mm的硬质合金球	1000	<650	<650钢件
洛氏硬度	HRA	120°金刚石圆锥体	60	70～85	硬质合金、表面淬火钢
	HRB	Φ1.588mm的淬火钢球	100	25～100	退火钢、有色合金
	HRC	120°金刚石圆锥体	150	20～67	一般淬火钢件
维氏硬度	HV	136°金刚石四棱锥体	5～120	0～1000	经表面处理后表面层

对于材料在外力作用下发生形变相关知识点的学习，应将微观组织结构特点与宏观性能特征相互联系。在本部分内容中，要注意以下几方面内容。

① 要熟悉单晶体和多晶体变形的方式。单晶体金属塑性变形的主要方式是滑移，而滑移的实质是位错运动的结果；多晶体塑性变形不仅包括了晶粒内部的滑移，还包括了晶粒之间的转动。

② 认识塑性变形时产生的纤维组织、织构现象、残余应力及加工硬化（冷变形强化）。要明确纤维组织的形成是由塑性变形引起的，通过热处理是无法消除的；同时纤维组织的存在使得金属材料在不同方向上具有不同的力学性能；加工硬化在工程上有有利的一面，也有不利的一面，如塑性变形过程中加工硬化会引起变形抗力增大，使进一步变形或加工困难，就应采取措施消除加工硬化。

③ 明确变形金属加热过程中回复和再结晶。变形金属经过回复，主要是使缺陷数目减少，使残余应力下降，但并未消除加工硬化现象；而再结晶之后，形成了新的、无畸变的等轴晶，使金属内部位错密度降低，加工硬化现象消除；此外，降低加热温度和增大预变形程度（注意避开2%～10%）还会使再结晶后获得尺寸细小的晶粒，利用细晶强化有力地改善了金属的力学性能。

对于高分子材料力学性能的学习，要注意其形变行为是与时间有关的黏性和弹性的组合，具有显著的黏弹性。黏弹性是指在外力作用下，材料同时发生高弹变形和黏性流动的性质，即高聚物材料的形变性质兼具固体的弹性和液体黏性的特征。线形无定形聚合物随着温度的变化可以有三种力学状态：玻璃态、高弹态、黏流态，三态转变过程中的重要参数是玻璃化转变温度。处于不同力学状态的聚合物的力学性能差异极大，如玻璃态高聚物的弹性模量约为1～10GPa，高弹态高聚物典型的弹性模量约为1～10MPa。

2.3 典型习题例解

【例2-1】 某仓库内1000根20钢和60钢热轧棒料被混在一起，试问用何种方法鉴别比较合适，并说明理由。

分析 从题目所给出的条件来看，很容易造成通过分析其含碳量来进行鉴别的误解，但成分分析一般比较复杂，所需成本较大，因此这种方法不经济；此时联系"成分-组织-性能"可知，含碳量低的碳钢其硬度低于含碳量高的碳钢，因此可以采用测试硬度方法来进行测量。同时，测量材料的硬度也比较方便经济。

解题/答案要点 可以测量其硬度，硬度高的是60钢，硬度低的是20钢。

【例2-2】 下列零件选择哪种硬度法来检查其硬度比较合适？
①库存钢材；②硬质合金刀头；③锻件。

分析 这是一道考查各种硬度法应用场合的题目。

解题/答案要点
① 库存钢材：其特点为硬度值的范围可能很大，需要一种能够测量比较大范围硬度值的硬度方法，因此宜选用洛氏硬度法；
② 硬质合金刀头：硬质合金的硬度较高，因此宜选用维氏硬度法；
③ 锻件：适合于锻造成形的材料，其塑性一般较好、硬度值较低、且通常都是作为毛坯件，因此根据布氏硬度法的特点宜选用布氏硬度法。

【例 2-3】 某厂用冷拔钢丝绳直接吊运加热至 1100℃ 的破碎机颚板,吊至中途钢丝绳突然断裂。这条钢丝绳是新的,事前经过检查,并无缺陷。试分析钢丝绳断裂的原因。

分析 该题目考查的内容在于塑性变形和回复、再结晶引起的组织与性能的变化。解题时,首先要清楚塑性变形加工的零件会产生什么样的组织和性能变化,其中,最典型的是加工硬化现象,加工硬化虽然能使材料的强度和硬度提高,但是这种性能的提高是与温度有关的,通常随着温度的升高,会使材料发生回复与再结晶现象,这种组织的变化最终使材料的强度和硬度下降。当材料承受的力超过其抗拉强度的时候,就会发生断裂。

解题/答案要点

冷拔钢丝绳是经过塑性变形的,已经产生加工硬化强化,因此,使用前处于加工硬化状态;当其直接吊运加热至 1100℃ 的破碎机颚板时,冷拔钢丝绳会被加热升温,从而使其发生回复、再结晶现象,并且伴随加工硬化现象的消失,这使其强度、硬度大大下降,又由于破碎机颚板重而大,所以致使钢丝绳发生过量塑性变形而断裂。

2.4 本章自测题

1. 是非题

(1) 因为 $R_m = kHB$,所以一切材料的硬度越高,其强度也越高。( )

(2) 静载荷是指大小不可变的载荷,反之则一定不是静载荷。( )

(3) 所有的金属材料均有明显的屈服现象。( )

(4) 喷丸处理及表面辊压能有效地提高材料的疲劳强度。( )

(5) 生产中常用于测量退火钢、铸铁及有色金属的硬度方法为布氏硬度法。( )

(6) 材料的强度高,其塑性不一定差。( )

(7) 材料抵抗小能量多次冲击的能力主要取决于材料的强度。( )

(8) 只要零件的工作应力低于材料的屈服强度,材料不会发生塑性变形,更不会断裂。( )

(9) 蠕变强度是材料的高温性能指标。( )

(10) 凡是在加热状态下对金属材料进行的变形或加工都属于热加工的范畴。( )

2. 选择题

(1) 机械零件在正常工作情况下多数处于( )。

    A. 弹性变形状态   B. 塑性变形状态   C. 刚性状态   D. 弹塑性状态

(2) 下列四种硬度的表示方法中,最恰当的是( )。

    A. 700~850 HBW   B. 12~15 HRC

    C. 170~230 HBW   D. 80~90 HRC

(3) 工程上希望材料的屈强比 (R_{eL}/R_m) 高些,目的在于( )。

    A. 方便设计   B. 便于施工

    C. 提高使用中的安全系数   D. 提高材料的有效利用率

(4) a_K 值小的金属材料表现为( )。

    A. 塑性差   B. 强度差   C. 疲劳强度差   D. 韧性差

(5) 在设计拖拉机缸盖螺钉时应选用的强度指标是( )。

    A. R_{eH} B. R_{eL} C. R_{-1} D. R_m

(6) 国家标准规定，对于钢铁材料进行疲劳强度试验时，取应力循环次数为（　　）所对应的应力作为疲劳强度。
   A. $10^6 \sim 10^7$　　　B. $10^7 \sim 10^8$　　　C. $10^6 \sim 10^8$　　　D. $10^7 \sim 10^9$
(7) 涂层刀具表面硬度宜采用（　　）法进行测量。
   A. 布氏硬度（HBS）　　　　　　　B. 布氏硬度（HBW）
   C. 维氏硬度　　　　　　　　　　D. 洛氏硬度
(8) 材料的低温性能指标是（　　）。
   A. Z　　　B. K_{IC}　　　C. ω　　　D. T_K
(9) 下面（　　）不是洛氏硬度法的优点。
   A. 测量迅速简便　　　　　　　　B. 压痕较布氏硬度小
   C. 应用范围广　　　　　　　　　D. 硬度范围比维氏硬度大
(10) 加工硬化现象最主要的原因是（　　）。
   A. 晶粒破裂细化　　　　　　　　B. 位错密度增大
   C. 晶粒择优取向　　　　　　　　D. 形成纤维组织

3. 填空题

(1) 材料常用的塑性指标有_____和_____，其中用_____来表示塑性更接近材料的真实变形。

(2) 在外力作用下，材料抵抗_____和_____的能力称为强度。

(3) 工程上的屈服比指的是_____和_____的比值。

(4) 表征材料抵抗冲击性能的指标是_____，其单位是_____。

(5) R_{100}^{800} 的含义是_____。

(6) 测量 HRC 值时所采用的压头是_____，而测量 HBW 值时所采用的压头是_____。

(7) R_{eH} 的含义是_____，R_{eL} 的含义是_____，$R_{r0.2}$ 的含义是_____。

(8) 检验淬火钢常采用的硬度指标为_____，布氏硬度常用来测量_____的硬度。

(9) 钢在常温下的变形加工属于_____加工，铅在常温下的变形加工属于_____加工。

(10) 线形无定形聚合物随着温度的变化有三种力学状态，它们是：_____。

4. 简答题

(1) 简述在哪些情况下，零件的工作应力低于材料的屈服强度时，材料也会发生塑性变形甚至断裂；这些场合中应考虑材料的哪些性能？

(2) 以低碳钢为代表的金属结构材料在拉伸加载下，其力学响应通常包括哪些主要过程？一般用什么曲线来表征这种响应？在典型曲线上有哪些主要强度和变形指标？

（3）一块纯锡板被枪弹击穿，分析弹孔周围的晶粒大小有何特征，并说明其原因。

（4）简述屈服强度的工程意义。

3. 二元合金及相变基本知识

3.1 学习内容与学习要求

3.1.1 学习内容

凝固的基本概念，金属的结晶，材料的同素异构现象；二元合金基本相图，含二元匀晶相图、二元共晶相图、二元包晶相图、二元共析相图；铁碳合金的基本相，铁碳合金相图中的特征点、线的含义，铁碳合金的分类，典型成分的铁碳合金的平衡结晶过程；钢在加热时的转变，钢在冷却时的转变。

3.1.2 学习要求

① 了解金属凝固的一般规律。
② 熟悉金属的结晶过程。
③ 理解金属的晶粒粗细对其力学性能的影响，并掌握控制晶粒大小的途径。
④ 了解材料的同素异构现象。
⑤ 了解相图的基本概念及相图建立的一般方法。
⑥ 掌握匀晶相图、共晶相图两种基本相图，包括相图分析、典型合金的结晶过程以及能够区分用相组成物和组织组成物进行填图。
⑦ 熟悉包晶相图、共析相图。
⑧ 学会使用杠杆定律计算相组成物、组织组成物的相对含量。
⑨ 熟知相图和性能的一般关系。
⑩ 能默画出铁碳合金相图，掌握铁碳合金的基本相和组织，理解相图中的特征点、线的含义，并能够利用冷却曲线及文字分析典型成分的铁碳合金的平衡结晶过程。
⑪ 理解铁碳合金基本相和组织的性能特点，建立合金成分-组织-性能-用途之间的关系。
⑫ 了解铁碳合金的分类。
⑬ 掌握奥氏体的形成过程，了解奥氏体晶粒度的概念，熟悉合金元素对钢奥氏体化过程的影响。
⑭ 掌握过冷奥氏体等温转变，能结合 C 曲线分析转变产物，熟悉过冷奥氏体转变的影响因素。
⑮ 了解过冷奥氏体连续冷却转变以及 CCT 图和 TTT 图两者之间差别。

3.2 重难点分析及学习指导

3.2.1 重难点分析

相图是研究合金的成分、组织结构与性能之间相互关系和变化规律的重要工具。本章在着重介绍匀晶、共晶、共析等二元基本相图分析方法的基础上，重点讨论了铁碳合金相图。铁碳合金相图是研究钢铁材料的成分、相和组织的变化规律，以及与性能之间关系的重要理论基础与有力工具。

钢加热时的奥氏体化过程和过冷奥氏体冷却时组织转变是钢进行热处理的理论基础，也是制订热处理工艺的重要依据之一，其中 C 曲线即过冷奥氏体等温冷却转变曲线是最为常用的。

本章学习的重点包括：
① 金属的结晶过程，尤其是结晶过程中晶粒大小的控制；
② 在熟悉匀晶、共晶、共析等基本相图的基础上，掌握铁碳合金相图；
③ 过冷奥氏体冷却时组织转变及其产物，这些组织的基本特征以及与性能之间的关系。

本章学习的难点在于：
① 相组成物和组织组成物的区分；
② 实际冷却条件与平衡条件下组织转变的衡量与区别。

3.2.2 学习指导

3.2.2.1 金属的结晶过程

金属的结晶过程就是晶核的形成过程和晶核的长大过程。金属发生结晶的条件是过冷度，结晶后晶粒的大小取决于形核率 N 和长大速度 G 的比值，也就是说有利于 N/G 值增大的措施就是细化晶粒的途径，如增大过冷度、进行变质处理以及附加振动等，都可有效地使晶粒得到细化。通常，金属的晶粒越细，力学性能越好。而利用细化晶粒来提高材料力学性能的方法，称之为细晶强化。

要准确把握结晶的特征，深入理解结晶并不仅仅指材料由液态转变为固态，而是只要综合了晶核的形成过程和晶核的长大过程都可以看成是结晶过程，这也是广义的结晶，如重结晶，可结合材料的同素异构转变现象进一步理解。此外，纯金属的结晶与合金的结晶是不同的，前者是恒温结晶过程，而后者除包晶、共晶和共析是恒温结晶过程，其余均为非恒温结晶过程。

3.2.2.2 区分相与组织，相组成物与组织组成物的关系

相与组织，相组成物与组织组成物可以采用"特征分析法"进行区分。

相是指材料中结构相同、化学成分及性能同一的组成部分，相与相之间有界面分开。"相"是合金中具有同一原子聚集状态的组成部分，既可能是一单相固溶体也可能是一化合物；组织一般系指用肉眼或在显微镜下所观察到的材料内部所具有的某种形态特征或形貌图像，实质上它是一种或多种相按一定方式相互结合所构成的整体的总称。因此，相与组织的区别就是结构与组织的区别，结构描述的是原子尺度，而组织则指的是显微尺度。

合金的组织是由相组成的，可由单相固溶体或化合物组成，也可由一个固溶体和一个化合物或两个固溶体和两个化合物等组成。正是由于这些相的形态、尺寸、相对数量和分布的不同，才形成各式各样的组织，即组织可由单相组成，也可由多相组成。相组成物与组织组成物是人们把在合金相图分析中出现的"相"称为相组成物，出现的"显微组织"称为组织组成物。

组织是材料性能的决定性因素。在相同条件下，不同的组织对应着不同的性能。因此，生产中可以通过控制材料的组织获得所需要的性能。

除了从基本概念的角度加以区分外，还可以通过对比来区分"相"与"组织"。对比不同成分的二元合金（如 Fe—C 合金）结晶过程分析，区分相组成物与组织组成物，同时联系不同成分的二元合金（如 Fe—C 合金）的成分-组织-性能变化规律，进一步地进行区分。

3.2.2.3 二元基本相图的特点

关于二元基本相图及其转变特征可以采用"图表归纳法"进行学习,见表 3-1。

表 3-1 二元基本相图及其转变特征

相图类型	图形特征	转变式	说明
匀晶转变	(L / L+α / α 图)	$L \rightleftharpoons \alpha$	一个液相 L 经过一个温度范围转变为同一成分的固相 α
共晶转变	(α — L — β / $\alpha+\beta$ 图)	$L \rightleftharpoons \alpha + \beta$	恒温下,由液相 L 同时转变为不同成分的固相 α 和 β
共析转变	(α — γ — β / $\alpha+\beta$ 图)	$\gamma \rightleftharpoons \alpha + \beta$	恒温下,由固相 γ 同时转变为不同成分的固相 α 和 β
包晶转变	(α — L / β 图)	$\alpha + L \rightleftharpoons \beta$	恒温下,由液相 L 和一个固相 α 相互作用生成一新的固相 β

对于二元匀晶相图、二元共晶相图的特点用文字叙述如下。

二元匀晶相图的特点可以归纳为以下几个方面:
① L、S 状态下是无限互溶的;
② 在结晶过程中液相成分沿液相线变化,固相成分沿固相线变化(平衡冷却条件);
③ 结晶在一定的温度范围内进行;
④ 在实际结晶过程中,容易形成枝晶偏析。

需说明的是:枝晶,金属结晶过程中形成的是树枝状晶粒;偏析,冷却速度一般较快,原子来不及充分扩散,会造成成分不均匀。枝晶偏析存在,会严重降低合金的力学性能和加工性能,因此在工艺上常把枝晶偏析较严重的合金加热到较高温度,并保温较长时间,使其充分扩散,达到合金成分均匀的目的,这种处理方法称作均匀化退火。

二元共晶相图的特点可以归纳为以下几个方面:
① 在 L 状态下是无限互溶的,S 状态下是有限互溶或完全不溶;
② 共晶转变在恒温下进行;
③ 存在一个确定的共晶点,在该点凝固温度最低;
④ 存在一条水平的共晶线,凡成分在共晶线范围内的合金冷却过程中都要发生共晶反应;
⑤ 随温度下降,溶解度发生了变化,并伴随着第二种固态组元(次生相)的析出;
⑥ 在实际结晶过程中,容易形成"比重偏析"。

需说明的是:此处的偏析不同于枝晶偏析。如果初晶的相对密度较剩余液相相对密度相差较大,则由于相对密度不同而产生偏析。同样,相对密度偏析的存在,也会严重降低合金的力学性能和加工性能,因此在工艺上常对"比重偏析"较严重的合金采取一定的工艺措施,如加快冷却速度(使偏析来不及上浮或下沉),增加搅动或其他合金元素(阻碍偏析上浮或下沉)等。

3.2.2.4 默画铁碳合金相图

一般默画简化后的铁碳合金相图,可按如下步骤进行:

① 建立成分-温度坐标;

② 画出两条重要的水平线,共晶线 ECF、共析线 PSK;

③ 确定主要的特性点如共晶点 C、共析点 S,沿左边纵轴按铁的同素异构转变标出 G 点及 A 点(纯铁的熔点),沿右边纵轴标出 D 点(渗碳体的熔点);关于相图中的特性点可以采用"图表归纳法"进行记忆,见表 3-2。

表 3-2 铁碳合金相图中的特性点

符 号	温度/℃	含碳量/%	说 明
A	1538	0	纯铁的熔点
C	1148	4.30	共晶点
D	1227	6.69	渗碳体的熔点
E	1148	2.11	碳在 γ-Fe 中的最大溶解度
F	1148	6.69	渗碳体的成分
G	912	0	α-Fe、γ-Fe 同素异构转变点(A_3)
K	727	6.69	渗碳体的成分
P	727	0.0218	碳在 α-Fe 中的最大溶解度
S	727	0.77	共析点(A_1)
Q	室温	0.0008	碳在 α-Fe 中的溶解度

④ 在各个区域中画出相应相图,连接剩余的线段;

⑤ 按要求填写出各相区的相组成物或组织组成物;填写时可借助"口诀助记法"。

记忆铁碳相图各相区的相组成物或组织组成物的口诀如下:

铁碳相图二四五,二是共晶和共析;

铁奥液渗四单相,两单相间是五双。

铁碳组织分四七,不同之处在晶析;

共晶下面分四区,共析之下成七区。

⑥ 应用结晶和相变的基本知识对所绘制的相图进行检查。

3.2.2.5 杠杆定律及其应用

杠杆定律表示平衡状态下两平衡相的化学成分与相对质量之间的关系,可用来定量计算两平衡相分别占总合金的质量分数,即各相的相对质量,也可用它来确定组织中各组织组成物的相对质量。

运用杠杆定律时,要切实注意:

① 只适用于平衡状态下;

② 只适用于两相区;

③ 杠杆的总长度为两平衡相的成分点之间的距离,杠杆的支点一般为合金成分点,杠杆的位置由所处的温度决定;

④ 计算组织组成物时,必须依据该合金的平衡结晶过程分析,找出与组织相对应的两相区,

使组织组成物与相应的相组成物相呼应,才能用杠杆定律计算组织组成物的相对百分含量。

运用杠杆定律计算组织组成物和相组成物相对质量的步骤:

① 确定钢的含碳量;
② 根据钢的含碳量确定钢的种类,如亚共析钢、共析钢或过共析钢;
③ 根据钢的种类确定室温条件下的组织组成物和相组成物,以及它们的碳含量;
④ 根据钢和相应产物的碳含量,建立杠杆,运用杠杆定律进行计算。

钢的组织组成物和相组成物计算的一般规律见表 3-3。

表 3-3 钢的组织组成物和相组成物的计算

钢的类别	$w_C/\%$	组织组分	组织组分相对百分含量的计算	相组分	相组分相对百分含量的计算(室温下)
亚共析钢	0.0218~0.77	F+P	$w(P)=\dfrac{C-0.02}{0.77-0.02}\times 100\%$ $w(F)=1-w(P)$	F+Fe$_3$C	$w(F)=\dfrac{6.69-C}{6.69-0}\times 100\%$ $w(Fe_3C)=1-w(F)$ $=\dfrac{C-0}{6.69-0}\times 100\%$
共析钢	0.77	P	100%		
过共析钢	0.77~2.11	P+Fe$_3$C$_{\text{II}}$	$w(P)=\dfrac{6.69-C}{6.69-0.77}\times 100\%$ $w(Fe_3C_{\text{II}})=1-w(P)$		

3.2.2.6 合金的平衡结晶过程分析

分析某一合金的平衡结晶过程,一般可采用下面两种方法中的任意一种,但鉴于文字叙述时容易引起歧义,因此推荐使用冷却曲线进行描述。

当用文字叙述时:

① 首先画出所分析成分合金的合金垂线;
② 通过单相区时属于简单冷却;
③ 通过两相区时,并且两平衡相,ⅰ.相对含量随温度下降而变化;ⅱ.成分沿各自相线变化;
④ 与三相水平线相交时,应写明反应式,同时标注成分、温度。

当用冷却曲线描述时:

① 首先画出所分析成分合金的合金垂线,建立冷却曲线的温度、时间坐标;
② 单相区简单冷却,其曲线较陡;
③ 两相区即匀晶转变或二次析出转变时,其曲线较缓;
④ 三相区为一水平线,注意其上应写明反应式;
⑤ 每一阶段都应注明其组织。

3.2.2.7 共析碳钢过冷奥氏体冷却转变曲线

共析碳钢过冷奥氏体冷却转变曲线如图 3-1 所示。首先,要牢记共析碳钢的"C"、"CCT"曲线的物理意义(即"C"、"CCT"曲线中各条特性线的含义,各个区域相应组织

类别等),记忆过程中可借助"口诀助记法",口诀如下:

共析碳钢 C 曲线,貌似双 C 并行排;C 上 A_1 共析线,C 下 M_s 和 M_f 线;

左 C 示为起始线,右 C 示为终止线;两 C 之间过渡区,过奥产物相共存。

连续偏置右下方,只有双 C 线一半;中间分隔中止线,注意并无贝氏相。

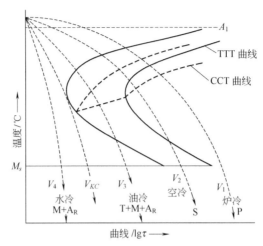

图 3-1 过冷奥氏体冷却转变曲线

其次,要会应用"C"、"CCT"曲线分析不同冷却速度(不同热处理条件)下的组织特征。熟悉过冷奥氏体转变产物的形成条件、组织形态与性能特点,是掌握不同条件下所形成组织的关键。现将过冷奥氏体转变产物的形成、组织形态与性能特征归纳于表 3-4 中,供学习总结时参考。

表 3-4 过冷奥氏体等温转变的类型、产物、性能和特征

组织名称		符号	转变温度/℃	相组成	转变类型	特 征	HRC
珠光体型	珠光体	P	$A_1\sim650$	$F+Fe_3C$	扩散型(铁原子和碳原子都扩散)	片层间距 $0.6\sim0.8\mu m$,500 倍分清	10~20
	索氏体	S	650~600			片层间距 $0.25\mu m$,1000 倍分清细珠光体	25~30
	托氏体	T	600~550			片层间距 $0.1\mu m$,2000 倍分清极细珠光体	30~40
贝氏体型	上贝氏体	$B_上$	550~350	$F_{过饱}+Fe_3C$	半扩散型(铁原子不扩散,碳原子扩散)	羽毛状 在平行密排的过饱和 F 板条间,不均匀分布短杆(片状) Fe_3C。脆性大,工业上不应用	40~45
	下贝氏体	$B_下$	350~240	$F_{过饱}+\varepsilon(Fe_{2.4}C)$		针状 在过饱和 F 针内均匀分布(与针轴成 55°~65°角)细小颗粒 ε 碳化物。具有较高的强度、硬度、塑性和韧性	50~60
马氏体	针状马氏体 $w(C)\geqslant 1.0\%$ (高碳、孪晶)	M	240~-50	碳在 α-Fe 中过饱和固溶体(体心正方晶格)	非扩散型(铁原子和碳原子都不扩散)	①马氏体变温形成,与保温时间无关 ②马氏体成长率非常大(线长可达 10^3 m/s) ③马氏体转变不完全性,$w(C)\geqslant 0.5\%$ 钢中存在残余奥氏体 ④马氏体的硬度与含碳量有关	64~66
	板条马氏体 $w(C)\leqslant 0.20\%$ (低碳、位错)						30~50

3.2.2.8 影响过冷奥氏体冷却转变曲线因素及应用

凡是影响 C 曲线和冷却曲线间相对位置的一切因素，均会影响过冷奥氏体转变产物的组织和性能，这些因素主要有：

① 钢在加热时的奥氏体化条件，主要取决于奥氏体化学成分、均匀性及晶粒度；

② 采用不同的冷却方式，获取不同的冷却速度；

③ 不同尺寸与形状的零件，由于表面和心部的冷却速度不一致，从而导致工件表面与心部具有不同的组织和性能；

④ 合金化，即改变钢的化学成分，从而改变 C 曲线的形状与位置以及 M_s 和 M_f 点的高低等。

这些因素也就成为在制定热处理工艺（选择加热、冷却条件、冷却方式、冷却介质等）时的重要依据。

3.3 典型习题例解

【例 3-1】 如果其他条件相同，比较下列条件下铸件的晶粒大小：

① 金属型铸件和砂型铸件；

② 薄壁铸件和厚壁铸件；

③ 结晶过程中附加振动和不加振动。

分析 铸件的晶粒大小的影响因素，也就是细化晶粒的途径，具体包括增大过冷度、进行变质处理以及附加振动等。分析给定条件，凡是有利于增大过冷度、进行变质处理以及附加振动等工艺条件下所获得的铸件晶粒就比较细小。

解题/答案要点

① 金属型和砂型两种铸型对金属液的激冷作用不同，其冷却速度也就不同，很明显金属型中金属的冷却速度更快，有利于增大过冷度，因此易获得晶粒细小的铸件；

② 薄壁铸件比厚壁铸件晶粒细小，原因同（1）；

③ 结晶过程中附加振动比不加振动晶粒细小，在结晶过程中，增加振动，一方面能促进形核，另一方面能打碎正在生长的树枝晶，碎晶块又可成为新的晶核，从而使晶粒细化。

【例 3-2】 已知 A（熔点 650℃）与 B（熔点 560℃）二组元在液态时无限互溶，在 320℃ 时，A 溶于 B 的最大溶解度为 31%，室温时为 12%，但 B 不溶于 A；在 320℃ 时，含 42%B 的液态合金发生共晶反应，要求：①作出 A-B 合金相图；②分析含 A 为 25% 合金的结晶过程。

分析 根据题目论述可知该合金相图为二元共晶相图，即可按照二元共晶相图特征作出其相图并分析给定成分合金的结晶过程。值得注意的是相图横坐标表示的是 B 组元的百分含量。

解题/答案要点

① A-B 合金相图如图 3-2 所示。

② 含 A 为 25% 合金的结晶过程为：

$$L \rightarrow L + \beta \rightarrow \beta \rightarrow \alpha + \beta$$

【例 3-3】 计算铁碳合金中二次渗碳体的最大相对量的百分比。

分析 首先要弄清铁碳合金中含二次渗碳体的最大量的成分点，然后利用杠杆定律来

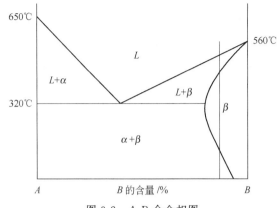

图 3-2 A-B 合金相图

求解。

解题/答案要点 在铁碳合金中二次渗碳体含量最大对应的成分点为 E 点（2.11%），其室温组织为珠光体＋二次渗碳体，用杠杆定律进行计算如下：

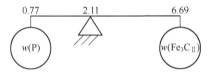

$$\omega(Fe_3C_{II})=(2.11-0.77)/(6.69-0.77)\times100\%=22.6\%$$

【例 3-4】 某工厂仓库积压了一批退火碳钢，取出其中一根在金相显微镜下观察，其组织为珠光体和铁素体，其中铁素体约占视场面积的 80%，问此钢材的 $\omega(C)$ 大约为多少？

分析 从题目所给出的条件来看，似乎并未给出含碳量的计算条件，但已知铁素体室温下其含碳量仅为 0.0008%，可以忽略，珠光体室温下其含碳量为 0.77%，故可根据珠光体在视场中所占面积乘以其含碳量来估算该钢材的含碳量。

解题/答案要点
$$\omega(C)=0.77\%\times(1-0.8)=0.154\%$$

【例 3-5】 根据铁碳合金相图，解释以下现象：

① T8 钢比 40 钢的强度、硬度高，塑性、韧性差。

② T12 钢比 T8 钢的硬度高，但强度反而低。

③ 所有的碳钢均可加热至（1000～1100℃）区间热锻成形，而任何白口铸铁在该温度区间，仍然塑性、韧性差，不能热锻成形。

分析 这是一道非常典型考查成分-组织-性能-用途之间关系的题目

解题/答案要点

① T8 钢属于过共析钢，其室温组织为珠光体和渗碳体；而 40 钢属于亚共析钢，其室温组织为铁素体和珠光体。一方面基体组织不同，T8 钢为珠光体而 40 钢为铁素体；另一方面强化相也不同。因此 T8 钢比 40 钢的强度、硬度高，塑性、韧性差。

② T12 钢和 T8 钢均属于过共析钢，室温组织都为珠光体和渗碳体，但 T12 钢中所含二次渗碳体比 T8 钢多，由于二次渗碳体的硬度高，但脆性较大，因此 T12 钢比 T8 钢的硬度高，但强度反而低。

③ 碳钢的高温区域为单相的奥氏体组织，具有良好的塑性，因此可加热至（1000～

1100℃）区间热锻成形，而任何白口铸铁在该温度区间，其组织中含有硬而脆的莱氏体组织，因而仍然塑性、韧性差，不能热锻成形。

注：T8 钢成分接近共析成分，工程上通常将其认为共析钢，本题（1）、（2）亦可将 T8 归为共析钢。

【例 3-6】 某碳钢的冷却曲线如图 3-3 所示，试分析按图中 1～5 冷却方式冷却后的转变产物。

分析 关于钢的冷却转变产物分析，关键是要明确其实质是过冷奥氏体的转变，如图中 3 转变到 ii 点后过冷奥氏体转变结束，即使再继续冷却和贝氏体转变线交叉，也不会形成新产物。

解题/答案要点

1—珠光体类型组织；
2—马氏体＋残余奥氏体；
3—珠光体类型组织；
4—贝氏体＋马氏体＋残余奥氏体；
5—马氏体＋残余奥氏体。

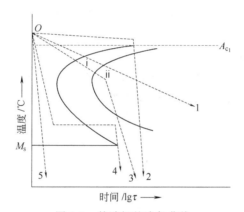

图 3-3 某碳钢的冷却曲线

【例 3-7】 一直径为 Φ6mm 的 45 钢圆棒，从一端加热，依靠热传导使 45 钢圆棒上各点达到如图 3-4 所示温度，试问：

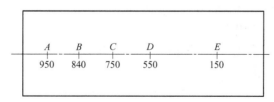

图 3-4 45 钢圆棒上各点温度

① 各点处自图示温度缓冷至室温时，各点组织是什么？
② 各点处自图示温度水冷至室温时，各点组织又是什么？

分析 本题的核心仍在于钢冷却时的组织转变，其实质是过冷奥氏体的转变。由于温度不同，故转变前的组织有所不同，因此转变后的产物也各异。

解题/答案要点

① A、B 点转变前温度达到了完全奥氏体化温度，故缓冷后获得珠光体类型组织；C

点转变前为铁素体+奥氏体,奥氏体发生转变而铁素体不,缓冷后获得珠光体+铁素体组织;D、E点未达到相变温度,转变前组织不含奥氏体,因此组织未发生变化,为珠光体+铁素体组织。

② A、B点转变前温度达到了完全奥氏体化温度,故水冷后获得马氏体,但A点比B点温度高引起组织粗大;C点转变前为铁素体+奥氏体,奥氏体发生转变而铁素体不变,缓冷后获得铁素体+马氏体+残余奥氏体组织;D、E点未达到相变温度,转变前组织不含奥氏体,因此组织未发生变化,为珠光体+铁素体组织。

3.4 本章自测题

1. 是非题

(1) 亚共晶合金的共晶转变温度和过共晶合金的共晶转变温度相同。(　　)

(2) 液态金属和气态都属于流体,因此其结构和气态比较接近。(　　)

(3) 枝晶偏析和比重偏析都能通过均匀化退火来消除。(　　)

(4) 合金是指两种以上的金属元素组成的具有金属特性的物质。(　　)

(5) 铁碳合金室温平衡组织都是由 F 和 P 两相组成的,含碳量越高其硬度越高。(　　)

(6) 莱氏体是一种单相组织。(　　)

(7) 在 1148℃时,碳在奥氏体中溶解度最大,达到 2.11%。(　　)

(8) 白口铸铁中碳是以渗碳体的形式存在的,所以其硬度高、脆性大。(　　)

(9) 合金元素使钢的过冷奥氏体转变延缓的原因是合金元素的存在使碳的扩散能力减弱。(　　)

(10) 钢适宜于压力加工成形,而铸铁适宜于铸造成形。(　　)

2. 选择题

(1) 具有匀晶型相图的单相固溶体合金(　　)。
　　A. 铸造性能好　　B. 锻造性能好　　C. 热处理性能好　　D. 切削性能好

(2) 当二元合金进行共晶反应时,其相组成是(　　)。
　　A. 由单相组成　　B. 两相共存　　C. 三相共存　　D. 四相组成

(3) 当固溶体浓度较高时,随着合金温度的下降,会从固溶体中析出次生相,为使合金的强度、硬度有所提高,希望次生相呈(　　)。
　　A. 网状析出　　B. 针状析出　　C. 块状析出　　D. 弥散析出

(4) 二元共析反应是指(　　)。
　　A. 在一个温度范围内,由一种液相生成一种固相
　　B. 在一恒定温度下,由一种液相生成两种不同固相
　　C. 在一恒定温度下,由一种固相析出两种不同固相
　　D. 在一恒定温度下,由一种液相和一种固相生成另一种固相

(5) 铁素体的力学性能特点是(　　)。
　　A. 具有良好的硬度和强度　　　　B. 具有良好的综合力学性能
　　C. 具有良好的塑性和韧性　　　　D. 具有良好的耐磨性

(6) 钢在淬火后获得的马氏体组织的粗细主要取决于(　　)。

A. 奥氏体的本质晶粒度　　　　　　B. 奥氏体的实际晶粒度
C. 奥氏体的起始晶粒度　　　　　　D. 钢组织的原始晶粒度

(7) 二次渗碳体是从（　　　）的。
A. 钢液中析出　　　　　　　　　　B. 铁素体中析出
C. 奥氏体中析出　　　　　　　　　D. 莱氏体中析出

(8) $\omega(C) = 4.3\%$的铁碳合金具有（　　　）。
A. 良好的锻造性　　　　　　　　　B. 良好的铸造性
C. 良好的焊接性　　　　　　　　　D. 良好的热处理性

(9) 常用45钢制造机械零件，这是因为其（　　　）。
A. 属于中碳钢　　　　　　　　　　B. 具有良好的综合机械性能
C. 具有良好的硬度和强度　　　　　D. 价格便宜

(10) 过冷度是金属结晶的驱动力，它的大小主要取决于（　　　）。
A. 金属材料的化学成分　　　　　　B. 金属材料的熔点
C. 金属材料的晶体结构　　　　　　D. 金属材料的冷却速度

3. 填空题

(1) 合金中的组元是_____，它可以是_____，也可以是_____。

(2) 相图是表达_____之间关系的图形。

(3) 工程上消除比重偏析的措施有_____和_____。

(4) 钢的奥氏体过程一般包括_____四个阶段。

(5) 共析成分的铁碳合金平衡结晶冷却至室温时，其组织组成物是_____，其相组成物是_____。

(6) 奥氏体是_____固溶体。

(7) 根据共析碳钢相变过程中原子的扩散情况，珠光体转变属于_____转变，马氏体转变属于_____转变。

(8) 在铁碳合金中，含二次渗碳体最多的合金成分点为_____。

(9) 在铸造生产中，细化金属铸件晶粒可采用的途径有_____，_____和_____。

(10) 在铁碳合金相图中存在着四条重要的线，请说明冷却通过这些线时所发生的转变并指出其生成物。ECF线_____，PSK线_____，ES线_____，GS线_____。

4. 简答题

(1) 简述变质处理的含义及其作用。

（2）辨析：A、B 两组元组成的二元匀晶相图中，其中任一合金 K 在结晶过程中，已结晶出的固溶体含 B 量总是高于原液相中含 B 量。

（3）根据铁碳合金相图说明下面现象：制造汽车外壳多用低碳钢 $\omega(C)<0.2\%$；制造机床主轴、齿轮等多用中碳钢 $\omega(C)=0.25\%\sim 0.6\%$；而制造刀具等多用高碳钢 $\omega(C)>0.6\%$；对于 $\omega(C)>1.3\%$ 的碳钢，则很少使用。

（4）"马氏体硬而脆。"这句话是否正确？为什么？

4. 材料的改性

4.1 学习内容与学习要求

4.1.1 学习内容

钢的普通热处理，钢的表面淬火和化学热处理，金属材料的固溶处理和时效强化，钢的合金化改性，材料表面工程技术简介。

4.1.2 学习要求

① 掌握钢的普通热处理的工艺特点及应用。
② 初步掌握钢的表面淬火和化学热处理的基本原理及应用。
③ 了解金属材料的固溶处理和时效强化。
④ 认识合金元素在钢中的作用（即钢的合金化原理）。
⑤ 了解常见的材料表面工程技术。

4.2 重难点分析及学习指导

4.2.1 重难点分析

热处理简单地说就是加热-保温-冷却。前面一章内容主要立足于介绍热处理的基本原理，而本章则是在介绍常用热处理工艺的基础上，应用热处理原理去分析、制定热处理工艺。在制定热处理工艺时，除了恰当地安排工件的工艺过程外，重要的是选择热处理工艺参数。根据对零件使用性能要求选定材料后，要依据铁碳合金相图选择合适的加热温度，又要依据C曲线确定热处理时的冷却条件与方法，从而保证获得所需要的组织，满足零件的使用性能要求，其核心内容是钢的"四把火"。

钢的表面热处理是热处理工艺中的一项重要内容，有着广阔的发展前景，但根据课程大纲要求，只需初步掌握其基本原理和应用；对于其他材料改性方法，如固溶处理和时效强化、钢的合金化改性、材料表面工程技术等，只需要了解一些基本概念即可。

4.2.2 学习指导

4.2.2.1 钢的普通热处理

钢的普通热处理一般指退火、正火、淬火和回火等四把火。在"四把火"中，退火与正火较为简单，而淬火和回火相对比较复杂，尤其是对淬透性和淬硬性概念的理解。尽管这四种热处理工艺的种类较多，但根据大纲要求来看对其要求不高。在学习过程中，通过比较建立起明确的概念是关键。本书采用"图表归纳法"列出了"四把火"的定义、目的、加热规范及组织，详见表4-1；同时对比了淬透性和淬硬性的概念、评价参数，影响因素及对力学性能的影响，见表4-2，供同学们学习时参考。

4.2.2.2 钢的表面热处理

钢的表面热处理也是本章需要掌握的主要内容之一，主要包括表面淬火和化学热处理，多数教材由于篇幅等原因只介绍了基本概念。虽然大纲对此部分要求不像"四把火"那么高，但也要求掌握其基本原理和应用。为此本书比较详细地列出了最为常见的化学热处理工艺特点及应用范围，见表4-3，关于表面淬火同学们可参照表4-3自行总结。

4.2.2.3 材料表面工程技术

表面工程技术涉及内容广泛，前述的表面热处理与形变改性都属于表面工程技术的范畴。表面工程技术是经表面涂覆、表面改性或多种表面工程技术复合处理，改变金属或非金属表面形态、组织结构和化学成分，以获得所需要表面性能的工艺方法。表面工程技术是表面改性、薄膜技术和涂层技术的统称。其按学科特点可分为表面涂镀技术、表面扩渗技术和表面处理技术三大类；按工艺特点可分为热喷涂、堆焊、涂镀与涂装、化学转化膜、气相沉积、高能束（激光束、等离子束、电子束）改性、表面热处理、形变改性等。

表 4-1 "四把火"的定义、目的、加热规范及组织

工艺名称	定 义	目 的	加热温度范围	组 织
退火	将钢加热到临界点以上或以下预定温度，保温，缓冷的工艺	降低钢件硬度以利于切削加工；消除残余应力，防止变形开裂；细化晶粒，改善组织，为最终热处理做好组织准备	（扩散退火、完全退火、正火、球化退火、再结晶退火、低温退火示意图）	接近平衡状态的组织
正火	将钢加热到临界点以上预定温度，保温，空冷的工艺	调整钢件硬度以利于切削加工；去除二次网状渗碳体；其余同退火		珠光体类型组织
淬火	将钢加热到临界点以上预定温度，保温，在一定介质中冷却的工艺	产生相变强化，提高硬度和耐磨性，达到使用性能要求	（淬火、高温回火、中温回火、低温回火示意图）	马氏体、贝氏体或以其为主的复合组织
回火	将淬火钢加热到临界点以下预定温度，保温，冷却至室温的工艺	消除残余应力，防止变形开裂；提高塑性、韧性；稳定工件尺寸		回火马氏体（低）、回火托氏体（中）、回火索氏体（高）

表 4-2 淬透性和淬硬性的对比

名称	概 念	评价参数	主要影响因素	对力学性能影响
淬透性	钢在淬火时获得的淬硬层深度的能力	淬硬层的深度	合金元素和奥氏体化条件（即凡是有利于C曲线右移的因素，都会提高其淬透性）	淬透性高的钢，其力学性能沿截面分布是均匀的，而淬透性低的钢，心部力学性能低，尤其是冲击韧性的值更低
淬硬性	钢在淬火时的硬化能力	最高硬度	含碳量	淬硬性高的，其硬度高，反之其硬度低

表 4-3 常见化学热处理的工艺特点及应用范围

	名 称	目 的	工艺曲线	组 织	性能变化	应用范围
化学热处理	渗碳	增加钢件表层的含碳量		由表及里 $Fe C_{II}+P \to P \to P+F \to F+P$（心部原始组织）	渗碳后配以淬、回火，其表层高硬度强度、耐磨性及高的疲劳强度，心部强而韧	$w(C)=0.10\% \sim 0.25\%$ 的碳素钢及合金钢制件，如汽车、拖拉机中变速箱齿轮等
	渗碳后淬火+低温回火	得到表层高硬度、高耐磨性及高表面强度，心部强而韧		表层 $M_回+A_R+Fe_3C$ (0.5~2mm) 心部 F+P（或 $M_回+F$）		
	氮化	通过提高表层氮浓度，使钢具有极高表面硬度、耐磨性、抗咬合性、疲劳强度、耐蚀性、低的缺口敏感性		由表及里 氮化物层→扩散层→基体	极高的表面硬度、耐磨性及抗咬合性、疲劳强度、耐蚀性、低的缺口敏感性	要求高耐磨性而变形量小的精密件，主要用于含 V、Ti、Al、Mo、W 等元素的合金钢

4.3 典型习题例解

【例 4-1】 有一个 45 钢制的变速箱齿轮，其加工工序为：下料—锻造—正火—粗加工—调质—半精加工—高频表面淬火+低温回火—磨削—成品。试说明其中各热处理工序的目的及使用状态下的组织。

分析 该题目考查的内容在于加工过程中各热处理的目的及其对应的组织。解题时，首先，要清楚对于一般零件而言，热处理可以分为两类，一为预备热处理，常用退火、正火和调质等，一般安排在粗加工之后半精加工之前，主要目的是调整硬度改善切削加工性；二为最终热处理，常用淬火+回火，一般安排在半精加工之后精加工之前，主要目的在于满足零件的性能要求，如耐磨性等；而对于毛坯成形后热处理其目的主要在于消除毛坯成形所产生的应力。其次，要注意该零件采用的表面淬火+低温回火属于表面热处理，只对表面层进行改性，心部组织在这次热处理过程中不会发生变化。

解题/答案要点 正火的目的为消除毛坯成形所产生的残余应力；调质的目的为获得良好的综合力学性能，使零件满足使用过程中对强度、韧性等的要求；表面淬火+低温回火的目的为提高齿面硬度和耐磨性。

使用状态下组织为：心部，回火索氏体；表面，回火马氏体。

【例 4-2】 指出下列工件淬火及回火温度，并说明回火后获得的组织：①45 钢小轴；②60 钢弹簧；③T12 钢锉刀。

分析 该题目考查回火温度对材料组织和性能的影响。解题时，首先要明确不同回火温度会产生何种组织，这些组织性能如何，然后要分析不同零件在实际应用过程中所需具备的力学性能；在本题中，45 钢小轴要求有较好的综合力学性能，60 钢弹簧要求具有高的弹性极限，而 T12 钢锉刀则要求具有高的耐磨性能。弄清楚上述问题后，就可以清楚地判断不同工件应该采用怎样的回火温度以及能够获得怎样的组织。

解题/答案要点
① 45钢小轴，高温回火，回火温度500～650℃，组织：回火索氏体；
② 60钢弹簧，中温回火，回火温度350～500℃，组织：回火托氏体；
③ T12钢锉刀，低温回火，回火温度150～250℃，组织：回火马氏体。

【例4-3】 有两根$\Phi 18mm \times 200mm$的65钢轴，其中一根经930℃渗碳预冷后直接淬火并180℃回火处理，硬度为58～62HRC，另一根经930℃渗碳预冷后直接淬火，并经－80℃冷处理后再进行180℃回火处理，硬度为60～64HRC，问这两根轴的表层和心部的组织及性能有何区别？

分析 该题目考查的内容是马氏体的转变温度。题中为65钢，其含碳量为0.65，已非常接近共析成分。对于共析钢而言，马氏体转变的终了温度为－50℃。第一根轴未经过冷处理，故在回火前仍含有部分残余奥氏体；同时，回火仅为180℃属于低温回火，残余奥氏体并未得到充分转变。残余奥氏体的存在，会引起硬度的降低和尺寸不稳定。

解题/答案要点 ①第一根轴的表层组织为回火马氏体＋残余奥氏体，硬度较高，耐磨性好；心部组织为铁素体＋珠光体，塑韧性好；②第二根轴的表层组织为回火马氏体，硬度更高，耐磨性更好；心部组织和性能与第一根轴相同。

4.4 本章自测题

1. 是非题
（1）球化退火能使过共析钢组织中的渗碳体完全球化。（　　）
（2）T10钢经淬火＋低温回火的组织是回火马氏体。（　　）
（3）与回火索氏体相比，索氏体具有较高的硬度和较低的韧性。（　　）
（4）高合金钢既具有良好的淬透性，又具有良好的淬硬性。（　　）
（5）表面淬火既能改变钢表面的化学成分，又能改善表面的组织和性能。（　　）
（6）低碳钢渗碳的目的在于提高表层的含碳量，为淬火做好成分准备。（　　）
（7）固溶时效强化是有色合金进行强化改性的主要方法之一。（　　）
（8）奥氏体转变形成马氏体的数量只与温度有关，而与时间无关。（　　）
（9）通常情况下，上贝氏体较下贝氏体的强度高、韧性好。（　　）
（10）热喷涂是一种涂层和母材呈机械结合的表面改性技术。（　　）

2. 选择题
（1）扩散退火的主要目的是（　　）。
　　A. 消除冷变形强化带来的影响　　B. 降低硬度以利切削加工
　　C. 消除或改善枝晶偏析　　D. 消除或降低残余应力
（2）过共析钢正常淬火加热温度是（　　）。
　　A. $A_{c1}+30\sim 50℃$　　B. $A_{c3}+30\sim 50℃$
　　C. $A_{ccM}+30\sim 50℃$　　D. A_{c3}
（3）影响淬火后残余奥氏体量的主要原因是（　　）。
　　A. 钢材本身的含碳量　　B. 钢中奥氏体的含碳量
　　C. 钢中合金元素的含量　　D. 淬火的冷却速度

(4) 45 钢调质处理后的组织为（　　　）。
    A. 索氏体   B. 回火索氏体
    C. 珠光体＋铁素体   D. 回火马氏体
(5) 把钢加热到 A_{c3} 或 $A_{ccm}+30\sim50℃$，保温，然后空冷的热处理工艺称作（　　　）。
    A. 退火   B. 正火   C. 淬火   D. 回火
(6) 下面关于回火脆性的论述，（　　　）不正确。
    A. 300℃ 左右产生回火脆性称为第一类回火脆性
    B. 400～550℃ 产生回火脆性称为第二类回火脆性
    C. 第一类回火脆性是由于薄片碳化物析出引起的
    D. 回火脆性均无法消除
(7) 钢渗碳的温度是（　　　）。
    A. 600～650℃   B. 700～750℃
    C. 800～850℃   D. 900～950℃
(8) 测量氮化层的硬度，一般选择（　　　）。
    A. 洛氏硬度 HRA   B. 布氏硬度 HBS
    C. 洛氏硬度 HRC   D. 维氏硬度 HV
(9) 钢的淬硬性与（　　　）无关。
    A. 钢的含碳量   B. 冷却速度
    C. 合金元素的种类   D. 合金元素的含量
(10) 表面改性技术"PVD"指的是（　　　）。
     A. 物理气相沉积 B. 化学气相沉积   C. 离子注入   D. 热渗镀

3. 填空题
(1) 完全退火是指将＿＿＿＿＿＿钢加热到 $A_{c3}+30\sim50℃$，经保温后＿＿＿＿＿冷却，以获得接近平衡组织的热处理工艺。
(2) 为便于切削加工，不同钢材宜采用不同的热处理方法：$\omega(C)<0.4\%$ 的碳钢宜采用＿＿＿＿＿，$\omega(C)$ 超过共析成分的碳钢宜采用＿＿＿＿＿＿，$\omega(C)$ 在 0.4% 和共析成分之间的碳钢宜采用＿＿＿＿＿。
(3) 淬火应力包括＿＿＿＿＿＿＿＿＿和＿＿＿＿＿＿＿＿＿两种。
(4) 常见的淬火方法有＿＿＿＿＿＿＿＿＿＿＿＿＿＿＿＿＿＿＿＿等四种。
(5) 淬火钢回火的种类一般有＿＿＿＿＿＿＿＿＿等三种，其中要求具有较高硬度和耐磨性的零件宜采用＿＿＿＿＿＿＿回火。
(6) 淬透性是指＿＿＿＿＿＿＿＿＿＿＿＿＿＿＿＿＿＿＿＿＿＿＿＿＿＿＿性能，淬硬性指＿＿＿＿＿＿＿＿＿＿＿＿＿＿＿＿＿＿＿＿＿＿＿＿＿＿＿＿＿性能。
(7) 感应加热是利用＿＿＿＿＿＿＿＿原理，使工件表面产生＿＿＿＿＿＿＿＿加热的一种加热方法。
(8) 渗碳零件表面含碳量一般应控制在＿＿＿＿＿＿＿＿，否则会影响钢的力学性能。
(9) 钢中加入合金元素可提高其强度，合金强化的途径一般有＿＿＿＿＿＿＿＿、＿＿＿＿＿＿＿、＿＿＿＿＿＿＿。

(10) 钢最为常见的表面热处理有_____和_____。

4. 简答题

(1) 临界冷却速度 V_K 指的是什么？它和钢的淬透性之间有什么关系？

(2) 简述正火与退火热处理的主要区别，并说明正火热处理的主要应用场合。

(3) 结合铝合金状态图，分析固溶时效强化的一般机理。

(4) 将 T12 钢分别加热到 650℃、780℃ 和 930℃，并保温足够时间，然后淬入水中。试分析其最终组织和性能有何区别。

5. 金属材料

5.1 学习内容与学习要求

5.1.1 学习内容

钢的分类和牌号，工业用钢含结构钢、工具钢、特殊性能钢；铸铁的石墨化过程，铸铁的分类、牌号及其主要性能；非铁合金含铝及铝合金、铜及铜合金、钛及钛合金、轴承合金；粉末冶金材料简介；新型金属功能材料简介。

5.1.2 学习要求

① 熟悉常用金属材料（包括工业用钢、铸铁与有色金属合金）的分类和编号方法，要做到从其牌号即可判断其种类、大致化学成分、主要加工工艺特点及相应组织、主要用途与主要性能特点等。

② 熟练地掌握常用工业用钢（重点是合金钢）的类别（按用途分类）、典型牌号、碳与合金元素的含量及主要作用、主要性能特点、常用热处理工艺选择、使用态组织以及典型用途等。

③ 理解铸铁的石墨化过程与影响因素，熟悉铸铁的分类、牌号及主要性能。

④ 理解铝合金的强化途径与方法，熟悉有色合金的分类、牌号及主要性能。

⑤ 熟悉滑动轴承合金的性能特点与组织要求。

⑥ 了解常用粉末冶金材料和新型金属功能材料。

5.2 重难点分析及学习指导

5.2.1 重难点分析

金属材料包括工业用钢、铸铁与有色金属合金等，而工业用钢又可分为碳钢与合金钢，它们都是机械工程上应用广泛的金属材料，特别是工业用钢的应用最为广泛。因此，工业用钢一节是本章乃至常用机械工程材料部分的学习重点。随着现代工程技术的发展，工业用钢特别是合金钢在金属材料中的地位与作用日益突出，因而合金钢成为本章的学习重点中的重点。

在工业用钢中，按用途分类是钢的最主要的分类方法，它可分为结构钢、工具钢和特殊性能钢三大类，其中以用途最为广泛的结构钢为重点，其次为工具钢、特殊性能钢。钢的种类、数量繁多，不可能也没有必要逐个记住，因此学习的重点要求在每类钢（按用途分类）中能熟练地掌握几个用途最为广泛的典型钢号。应做到：①从典型牌号即能推断出其类别，并会分析其中碳与合金元素的含量及其所起的主要作用；②明确牌号所表示的钢的主要性能特点，熟悉常用的热处理工艺特点、使用态下的组织以及典型用途等。

在铸铁与有色金属合金中，由于铸铁件价格便宜、工艺性能好而在各类机械中约占机器总质量的45%～90%，有色金属合金因其具有一系列不同于钢铁材料的特殊性能（物理、化学及机械等方面)，亦成为现代工业中不可缺少的、重要的工程材料。此部分的学习重点为三个原理(铸铁的石墨化过程、铝合金的强化方法以及滑动轴承合金的组织要求)，三类合金(铸铁、铝合金与滑动轴承合金)的性能、组织、分类、牌号表示方法与应用等。

5.2.2 学习指导

金属材料是机械工程中用途最为广泛、最为重要的一类机械工程材料。因此，教材中涉及金属材料部分的内容庞大、种类繁多，形似流水账，学习起来往往感到内容太多，既叙述枯燥，又不便记忆。那么，如何学习好本章内容呢？建议同学们在学习本章内容时，注意"理清思路，善于归纳；把握重点，以点带面；攻克难点，全面突破"。

所谓"理清思路，善于归纳"是指按照"典型钢号—主要用途—性能要求—化学成分特点(碳及合金元素的百分含量与主要作用)—热处理工艺特点及相应组织"这一主线索，运用"图表归纳法"去梳理、概括、归纳各部分内容，将分散的内容集中、繁杂的内容高度概括，以达条理、系统、精练又便于记忆的目的。鉴于各种教材关于本章内容论述上均给出了大量表格，故本书不再列出，同学们在学习过程中，可根据需要自己归纳总结。

所谓"把握重点"指的是本章应以"工业用钢"为主，而工业用钢中，应以结构钢为重点；"铸铁与有色金属合金"中，应以铸铁石墨化、铝合金强化与滑动轴承合金组织为主。对于"以点带面"而言，比如，在"工业用钢"中，"点"指的就是典型钢号，即熟记每类(按用途分类)钢中的二三个典型钢号，依据主线索的要求而展开学习；再如在"铸铁"部分中，铸铁的组织特征尤其是其中石墨的形态、大小、数量与分布特征这一"点"，就成为认识铸铁的性能、用途与热处理特点的关键。

所谓"攻克难点，全面突破"是指学习过程中首先要攻克"碳及合金元素在钢中的作用"这一难点，然后依据这部分基本原理去学习本章的其他内容，甚至可以达到根据使用要求自己配制材料。热处理可以有效地改善碳钢的组织和性能，但碳钢的热处理工艺性能较差，如淬透性较低、回火稳定性不好，加上机器零件使用要求不断提高，碳钢在许多场合的应用受到了很大限制，因此就目前工业用钢中，主流在于合金钢。合金钢的性能特点如何，其实质在于在碳钢中加入的合金元素所起的作用，所以要比较好地认识合金钢的性能特点以及能够根据使用要求较为合理地进行选择，关键在于对合金元素在钢中作用的把握和理解上。

同学们在学习过程中，应首先复习教材第三章、第四章的相关内容，然后要对合金元素对钢的影响的基本理论有较为系统的认识，其次按照各种不同种类的钢归纳合金元素所起的主要作用，进而能够根据牌号基本确定其性能特征和热处理工艺。下面分别对这三个问题进行简要的说明。

5.2.2.1 合金元素对钢的影响

合金元素对钢的影响简单地说分为以下四个方面。

(1) 合金元素对钢中基本相的影响 铁素体和渗碳体是碳钢中的两个基本相。合金元素加入钢中时，与碳亲和力弱的非碳化物形成元素，如镍、硅、铝、钴等，主要溶入铁素体中形成合金铁素体；而与碳亲和力强的碳化物形成元素，如锰、铬、钛、钨、钒等，则主要与碳结合形成合金渗碳体或碳化物。

(2) 合金元素对铁碳合金相图的影响 合金元素对铁碳合金相图上的相区(铁素体区、奥氏体区)、相变温度和 E 点、S 点的形状和位置都有影响。锰、镍、钴、碳、氮、铜等是使奥氏体稳定化的元素，即会扩大奥氏体区，而铬、钼、钛、钨、钒、铝、硅等是使铁素体稳定化的元素，即会扩大铁素体区；凡是会扩大奥氏体区的元素均会使 E 点、S 点的位置向左下方移动，凡是会扩大铁素体区的元素均会使 E 点、S 点的位置向左上方移动，概括起来就是几乎所有的合金元素都使 E 点、S 点的位置向左移动；同时由于相区的变化必将引起相变温度的变化。

（3）合金元素对热处理的影响　合金元素对热处理的影响主要集中在三个方面，即对奥氏体化过程、过冷奥氏体的转变和回火过程的影响。这三个方面的内容在相关章节的教材中都有比较详细的介绍，在此不再重复。

（4）合金元素对力学性能的影响　合金元素加入钢中的主要目的之一，就是改善其热处理性能，特别是要保证能获得马氏体。合金钢在淬火形成马氏体的过程中充分应用了材料强化的固溶强化、细晶强化、第二相强化以及增加位错密度等强化手段，因此合金钢的强度一般好于碳钢。此外，合金元素能有效地提高材料的韧性，如加入阻止奥氏体晶粒长大的元素，从而获得细小的奥氏体晶粒，经淬火后获得细晶马氏体或贝氏体；合金碳化物一般比较细小；提高钢的回火稳定性，消除回火脆性等。

5.2.2.2　工业用钢中碳及合金元素的作用

虽然上面已经讨论了单一合金元素在钢中的作用，但在各类合金钢中所加入的合金元素往往不止一种，而同一种合金元素在不同种类的合金钢中所起的作用亦是不同的，这就为学习和掌握"工业用钢"带来很大的障碍，那么如何攻克"合金元素的作用"这一难点呢？教学实践表明，结合工业用钢的类别（按主要用途分类）来识记，是最好的方法。以下对工业用钢的基本类型中碳及合金元素的作用简要概括说明，见表5-1。

表5-1　碳及合金元素的作用

种类	碳的主要作用	合金元素的主要作用
结构钢	保证钢的硬度、强度、韧性	Cr、Mn、Ni、Si——提高淬透性、耐回火性和强化基体 V、Ti——第二相强化、细晶强化、提高耐回火性、耐磨性 辅加元素（W、Mo）——防止产生第二类回火脆性
工具钢	保证高硬度和高的耐磨性	W（Mo）——提高红硬性和防止产生第二类回火脆性 Cr、Mn、Si——提高淬透性和耐回火性 V——提高耐磨性
不锈钢	降低钢的含碳量,有利于保证钢的耐蚀性与耐热性	Cr、Ni（Mn、N 代替部分 Ni）——提高耐蚀性 Mo、Cu——提高钢在非氧化性介质中的耐蚀性 Ti、Nb——能形成稳定碳化物，防止晶间腐蚀
耐热钢		Cr、Si、Al——提高钢的抗氧化性 Cr——提高钢的组织稳定性、固溶强化效果 Mo——提高高温强度、固溶强化效果 V、Nb、Ti——提高高温强度、弥散强化
耐磨钢	保证高硬度和高的耐磨性	Mn——保证韧性和耐磨性

5.2.2.3　根据钢的牌号识别钢的种类及性能特征

钢的牌号识别可以采用"特征分析法"。首先根据碳含量表示法作初步分析，结构钢中的碳含量用两位数字表示含碳量的万分之几，工具钢中的碳含量用一位数字表示含碳量的千分之几，特殊性能钢中的碳含量亦用一位数字来表示含碳量的千分之几。然后依据所含的合金元素进一步细分，低合金结构钢、渗碳钢、耐热钢的含碳量都是万分之几，要区分它们只有通过合金化特点进一步判断。低合金结构钢中，合金元素的总含量一般均小于3%，主要含 Mn、V、Ti 等；渗碳钢中合金元素的作用：主加元素 Cr、Mn、Ni、Si 用以提高淬透性、强化铁素体，辅加元素 W、Mo、V、Ti 用以细化晶粒、进一步提高淬透性，而耐热钢则主要含 Cr、V 等合金元素，用以提高耐热性、高温强度等。分清其类型之后，结合其一般使用要求及合金元素作用就能大致确定其基本性能特征，为合理选材提供指导。

例如，对于 20 钢同学们比较熟悉，但对于 20CrMnTi、20Mn$_2$BTi 等钢可能就不是很熟悉了。对于 20CrMnTi、20Mn$_2$BTi 等钢号，首先要形成"合金钢是为了改善碳钢的某些性能而在碳钢中加入一些合金元素而形成的"的概念，根据"20"显然为含碳量的万分之几，同时合金元素的含量大于 1.5%，因此属于结构钢中的合金钢。从结构钢按照用途分类，低碳属于渗碳钢类型，渗碳钢为了满足"里韧外硬"的性能要求一般都是低碳钢。在 20 钢中加入 1% 左右的 Cr 的目的是改善钢的淬透性和强化铁素体，发展起 20Cr，而 20MnB 基本上和 20Cr 一样，锰的作用是改善钢的淬透性和强化铁素体，硼的作用是提高钢的淬透性；进一步强化可以获得 20CrMn、20Mn$_2$B，由于含锰钢晶粒易粗大，则加入细化晶粒的元素，如钛、钒，从而发展 20CrMnTi、20MnVB 等，钛、钒的作用在于细化晶粒、防止 Mn 钢的过热倾向，这三种牌号的钢在渗碳后可直接淬火，在汽车、拖拉机上大量应用。上述分析思路可为钢牌号的识辨、性能特征、热处理工艺等提供一个学习思路。

对于某一种钢的热处理工艺，可根据其性能特点、使用要求结合热处理工艺特点进行确定。仍以 20CrMnTi 为例，其属于渗碳钢，含碳量为 0.2%，经过渗碳之后，零件表面为高碳而心部仍为低碳，为满足"里韧外硬"的使用要求，在渗碳之后可以采用淬火+低温回火的热处理，零件表面获得的组织为回火马氏体+碳化物+少量残余奥氏体，硬度高达 58～62HRC，满足耐磨性要求，心部的组织为低碳马氏体，保持较高韧性，满足承受冲击载荷的要求。对于大尺寸零件，由于淬透性不足，零件心部未淬透，仍保持原来的铁素体+珠光体组织，由于为低碳钢，组织中铁素体含量较大，因此韧性指标比较高，也能满足"里韧外硬"的使用要求。

5.2.2.4 铸铁种类及特征

5.2.2.4.1 铸铁种类与牌号

铸铁是根据 C 的存在形式分类的，分为白口铸铁、灰口铸铁和麻口铸铁，工业上使用的主要是灰口铸铁。灰口铸铁按照石墨的形态又可以分为灰铸铁、可锻铸铁、球墨铸铁和蠕墨铸铁，其石墨形态分别对应片状、团絮状、球状和蠕虫状。灰铸铁牌号：HT+三位数字；蠕墨铸铁牌号：RuT+三位数字，这三位数字表示最低抗拉强度；可锻铸铁牌号：KTH（H 表示黑心）或 KTZ（Z 表示珠光体）+两组数字；球墨铸铁牌号：QT+两组数字，其中第一组数字表示最低抗拉强度，第二组数字表示最小延伸率。

5.2.2.4.2 铸铁的特征

(1) 组织特征 铸铁的组织是由基体和石墨组成的，基体组织有三种，即铁素体、珠光体和铁素体加珠光体，可见铸铁的基体是钢的组织，因此铸铁的组织实际上是在钢的基体上分布着不同形态石墨的组织。石墨的塑韧性和强度几乎为零，其可看作是孔洞，所以铸铁的组织也可看作是在钢的基体上分布着不同形态的孔洞。石墨的形态对铸铁的性能有显著影响。

(2) 性能特征 主要有力学性能、耐磨性能、减振性能、铸造性能及切削性能。

① 力学性能差。石墨相当于裂纹和孔洞，对钢基体具有割裂作用，破坏了基体的连续性，减少有效承载截面，而且易导致应力集中，因此使铸铁的强度、塑性及韧性低于碳钢。

② 耐磨性能好。石墨本身的润滑作用使铸铁具有良好的耐磨性能。此外，石墨脱落后留下的空洞还可以贮油，这也有利于起到减摩作用。

③ 减振性能好。由于石墨可以吸收振动能量，使铸铁的减振性能好。

④ 铸造性能好。由于铸铁硅含量高且成分接近于共晶成分，因而流动性、填充性好，使铸铁的铸造性能良好。

⑤ 切削性能好。由于石墨的存在使车屑容易脆断，不粘刀。

5.2.2.5 铝合金分类与强化

根据相图，铝合金可分为变形铝合金和铸造铝合金两大类；根据是否能够热处理强化，铝合金可分为可热处理强化铝合金和不可热处理强化铝合金。变形铝合金又可分为防锈铝合金、硬铝合金、超硬铝合金、锻铝合金；铸造铝合金主要有 Al-Si 系、Al-Cu 系、Al-Mg 系和 Al-Zn 系四种。

对于可热处理强化的变形铝合金，其热处理方法为固溶时效强化处理。固溶处理是指将合金加热到固溶线以上，保温并淬火后获得过饱和的单相固溶体组织的处理。时效是指将过饱和的单相固溶体加热到固溶线以下某温度保温，以析出弥散强化相的热处理。在室温下进行的时效称自然时效；在加热条件下进行的时效称人工时效。

5.3 典型习题例解

【例 5-1】 合金钢与碳钢相比，为什么它的力学性能好，热处理变形小，而且合金工具钢的耐磨性也比碳素工具钢好？

分析 合金钢中合金元素所起的作用，可概括为：

① 溶入碳钢的固溶体（F 或 A）中产生固溶强化，从而提高合金钢的强度、硬度；

② 溶入碳钢的渗碳体中，形成合金渗碳体，从而提高合金钢的强度、硬度；

③ 可以形成熔点、硬度高的碳化物、氮化物等，产生弥散强化的效果，用以提高合金钢的强度、硬度；

④ 可以细化晶粒，起到细晶强化的作用。

解题/答案要点 由于合金钢中的合金元素能溶入基体起固溶强化作用，只要加入适量并不降低韧性；除了 Co、Al 以外的大多数合金元素只要能溶入奥氏体中，均使 C 曲线右移，使临界冷速 V_K 变小，提高钢的淬透性，从而使力学性能（特别是屈服强度和冲击韧性值）在整个截面上均匀一致，因此合金钢的力学性能好。

又因合金钢的淬透性较高，可用较小的冷却速度进行淬火，使热应力大大降低，从而使其热处理变形小。

合金工具钢中存在着比渗碳体熔点、硬度都高得多的合金渗碳体及特殊类型碳化物、氮化物等，因此合金工具钢的硬度、热稳定性及耐磨性等均比碳素工具钢高。

【例 5-2】 分析 GCr15 中合金元素 Cr 的作用，并说明其热处理特点及作用。

分析 GCr15 钢属于合金结构钢，所以合金元素 Cr 的作用为提高淬透性、强化铁素体，而从另一方面看，GCr15 钢系专用结构钢，虽然按其主要用途划归为结构钢，但就其主要性能要求而言应视为低合金刃具钢，故其合金元素 Cr 的作用又表现为提高耐磨性、细化晶粒。

GCr15 钢预先热处理工艺为球化退火，主要作用为降低硬度、改善切削加工性，又可为淬火做好组织上的准备；其最终热处理工艺为淬火+低温回火，获得高硬度和耐磨性。

解题/答案要点　GCr15钢是滚动轴承钢，合金元素Cr的作用有二：一是提高淬透性、强化铁素体，以保证钢具有一定的强度，二是有效地提高耐磨性、细化晶粒。

GCr15钢的热处理工艺为球化退火→淬火+低温回火，对于GCr15钢而言，淬火温度要求比较严格，应在840℃左右，温度过高易引起残余奥氏体的增多，并由于过热使组织粗大，而过低则硬度不足，耐磨性难以保证。此外对于精密轴承而言，淬火后应立即进行低于60℃的冰冷处理，以减少残余奥氏体，同时为消除磨削应力，进一步稳定组织，常在磨削后进行稳定化处理，即采用低温长时间回火。

【例5-3】　为什么用热处理方法强化球墨铸铁件的效果比其他铸铁要更好些？

分析　铸铁的组织特征为钢基体加不同形态的石墨，而热处理只能改变基体的组织，不能改变石墨的形态。石墨的形态不同，对铸铁中钢基体的割裂作用亦不同。

解题/答案要点　在铸铁中，片状石墨对钢基体的割裂作用最严重，致使钢基体强度的利用率仅为30%~50%；团絮状石墨对钢基体的割裂作用次之，使钢基体强度的利用率达40%~70%；而当石墨呈球状分布时，对钢基体的割裂作用最小，使钢基体强度利用率可达70%~90%，接近于钢基体，故用热处理方法强化球墨铸铁零件的效果较其他铸铁要更好。

【例5-4】　有一ϕ10mm的杆类零件，受中等交变拉压载荷作用，要求截面性能一致，供选择材料有：Q345、45钢、40Cr和T12。要求①选择合适材料；②制订简明工艺路线；③说明各热处理工序的主要作用；④指出最终组织。

分析　选材时，首先可以确定Q345属于工程用钢，而题目要求属于工业用钢，因此Q345可以排除；T12属于碳素工具钢，主要用于手工工具如锉刀，因此亦可排除；选材就集中在45钢和40Cr上，根据截面性能一致的使用要求，可见保证淬透性是选材需要考虑的主要问题，40Cr的淬透性比45钢好，但工件尺寸仅为ϕ10mm，因此45钢就足够了。

简明工艺路线制订主要要求能大致列出毛坯成形、热处理及机加工的顺序即可。本例零件有承载要求，因此毛坯成形方法宜选择锻造；由于只要求了截面性能一致，热处理工艺可按45钢典型工艺选择即可，即在锻造之后可进行退火，在粗加工和精加工之间安排调质；相应的目的及最终组织就比较简单。

解题/答案要点
① 45钢；
② 简明工艺路线为：锻造→退火→粗加工→调质处理→精加工→成品；
③ 退火的主要作用是消除锻造应力，调质处理的主要作用是使工件在整个截面上具有良好的综合力学性能；
④ 最终组织为回火索氏体。

【例5-5】　铝合金可以像钢一样进行马氏体相变强化吗？为什么？

分析　本题主要考察了铝合金与钢的强化方式和机理以及它们的不同。要解答此题，首先要弄清楚钢和铝合金的强化机理，这由二者的相图可知。根据钢的相图可知，钢在加热和冷却过程中会发生固态相变，而这也是钢产生热处理强化的理论基础；另外，根据铝合金相图可知，铝合金在加热过程中主要发生固溶度的变化，因此，通过控制加热冷却条件，可以控制固溶度乃至析出相，可见铝合金是属于固溶时效强化，而并不是相变强化。

解题/答案要点　不能。因为对于含碳量较高的钢经淬火后立即获得很高的硬度，而塑性则变得很低，这是由马氏体相变引起的。而对铝合金则不然，铝合金淬火后，强度与硬度并不立即升高,至于塑性非但没有下降,反而有所上升。但这种淬火后的合金,放置一段时间后,强度和硬度会显著提高,而塑性则明显降低。淬火后铝合金的强度、硬度随时间增长而显著提高的现象叫时效。所以铝合金是能通过热处理来提高强度,这种强化方式称为固溶时效强化,但不是通过相变来提高强度。

5.4 本章自测题

1. 是非题

(1) 大多数合金元素溶入奥氏体中都能够提高钢的淬透性和淬硬性。(　　)
(2) GCr15 钢不仅用于制造精密轴承,还常用于制造量具和模具。(　　)
(3) 高速钢中的 Cr、W、V 的主要作用在于提高钢的淬透性。(　　)
(4) Q345 属于低合金高强度结构钢。(　　)
(5) 不锈钢中含碳量越高其耐蚀性越好,强度、硬度越高。(　　)
(6) ZGMn13 中是一种含锰量很高的合金钢,锰的主要作用是提高耐磨性。(　　)
(7) 铸铁相当于是在钢的基体上分布着不同形态石墨的黑色金属。(　　)
(8) 铝合金均能采用固溶时效强化改善其力学性能。(　　)
(9) 工业上把锡基和铅基轴承合金称作巴氏合金。(　　)
(10) 渗碳钢常用的最终热处理为渗碳淬火+低温回火。(　　)

2. 选择题

(1) 合金元素与碳的亲和力越强,(　　)。
　　A. 越易溶入铁素体中,越易聚集长大　　B. 越易溶入铁素体中,越难聚集长大
　　C. 越难溶入铁素体中,越易聚集长大　　D. 越难溶入铁素体中,越难聚集长大
(2) 40Cr 中 Cr 元素的主要作用是 (　　)。
　　A. 提高淬透性　　B. 提高淬硬性　　C. 提高耐磨性　　D. 提高耐蚀性
(3) 合金元素对奥氏体晶粒长大的影响是 (　　)。
　　A. 均阻止奥氏体晶粒长大　　B. 均促进奥氏体晶粒长大
　　C. 无影响　　D. 上述说法都不对
(4) 普通低合金结构钢具有良好的塑性是由于 (　　)。
　　A. 含碳量低　　B. 单相固溶体　　C. 晶粒细小　　D. 过热敏感性小
(5) 弹簧钢热处理温度都限在 900℃ 以下,是为了 (　　)。
　　A. 减少奥氏体中碳化物　　B. 保留更多的碳化物,增加耐磨性
　　C. 促使碳化物球化　　D. 减少过热,避免组织粗大
(6) 制造一直径为 25mm 的连杆,要求整个截面具有良好的力学性能,应选用 (　　)。
　　A. 45 钢经正火处理　　B. 60Si$_2$Mn 经淬火+中温回火
　　C. 40Cr 经调质处理　　D. 20CrMnTi 经淬火+低温回火
(7) 钢的热硬性主要取决于 (　　)。
　　A. 钢的含碳量　　B. 马氏体的含碳量
　　C. 残余奥氏体量　　D. 马氏体的回火稳定性
(8) 铸铁进行热处理的主要功能为 (　　)。
　　A. 改变基体组织,不改变石墨形态　　B. 不改变基体组织,也不改变石墨形态

C. 不改变基体组织，改变石墨形态　　D. 既改变基体组织，也改变石墨形态

(9) 用 2A11（LY11）板料制造零件，可以采用（　　）方法改善零件强度。

A. 淬火＋低温回火　B. 淬火＋自然时效　C. 冷变形强化　D. 变质处理

(10) 与 H70 相比，HPb59-1 具有（　　）。

A. 较高的强度　　　　　　　　B. 较低的塑性

C. 较好的切削加工性　　　　　D. 较好的耐蚀性

3. 填空题

(1) 碳钢按质量分为_____等四种，它们的主要区别在于钢中_____的含量不同。

(2) 根据合金元素在钢中与碳的相互作用，合金元素可以分为_____和_____两大类。

(3) 渗碳钢的 $\omega(C)$ 大致在_____范围，加入 Cr、Mn 是为了提高其_____。

(4) 工具钢按用途分为_____等三类。

(5) 高速钢反复锻造的目的是_____，W18Cr4V 钢采用高温淬火的目的是_____，经三次高温回火后的组织是_____。

(6) 06Cr18Ni11Ti 是_____钢，Cr、Ni 的主要作用是_____，Ti 的主要作用是_____。

(7) 影响铸铁石墨化的最主要因素有_____和_____。

(8) 球墨铸铁常用的热处理方法有_____。

(9) 铝合金的时效方法可分为_____和_____两种。

(10) QSn4-3 是_____合金的一个牌号，其中"4"表示_____。

4. 简答题

(1) 合金元素对回火过程主要有哪些影响？

(2) 说明 9SiCr 钢的种类、大致化学成分、热处理方法及主要应用场合。

(3) 试分析石墨形态对铸铁性能的影响。

(4) 轴承合金在性能上有何要求？在组织上有何特点？

6. 非金属材料

6.1 学习内容与学习要求

6.1.1 学习内容

高分子材料的基本概念、工程塑料、工程橡胶；陶瓷材料的性能、特种陶瓷；复合材料的性能、复合增强原理、树脂基复合材料。

6.1.2 学习要求

① 熟悉高分子材料的共同特性及与金属材料性能的差异。
② 熟悉塑料的主要组成、分类和性能特征、常用工程塑料的应用。
③ 了解工程陶瓷材料的使用性能特点，熟悉常用的工程结构陶瓷材料的基本性能和应用。
④ 了解复合材料的组成、分类、性能特征及应用背景。

6.2 重难点分析及学习指导

6.2.1 重难点分析

传统的金属材料经过了近百年的长足发展，确立了其在国民经济中的重要地位。近几十年来，高分子材料、陶瓷材料和复合材料等非金属材料得到了迅猛的发展，并在日常生产、生活中得到了广泛应用。因此，材料领域中金属材料一统天下的格局已被打破，金属材料和非金属材料平分秋色的局势逐渐形成。与此同时，高分子材料、陶瓷材料和复合材料在非金属材料中三足鼎立的格局日趋明朗。这种转变的根本原因，除了能源、资源和环境等因素外，正是因为非金属材料具有金属材料所不具备的独特性能，也正是非金属材料的独特性能赋予其具体的实用性。

本章的学习重点在于高分子材料，难点在于复合材料。

6.2.2 学习指导

教材中涉及非金属材料种类繁多、性能各异、应用层出不穷，学习起来可能会感觉内容庞杂、无法梳理归纳、难于理解记忆。针对这些问题，建议在学习过程中注意以下方法：首先，本章内容与前述有关章节联系密切，如果前述章节内容掌握得不好，学习时往往会感到比较困难，不易学懂和不便记忆。物质的化学结构决定着其外在性质，并最终决定其特定的使用用途。因此，学习本章内容之前，应首先复习教材第一章和第二章的相关内容，深化对高分子材料、陶瓷材料结构和性能的理解。在此基础上以材料的"结构组成→性能特征→实际应用"这一主线索为纲，指导本章学习。

其次，学习本章内容时，建议采取"比较归纳、把握重点"的方法，可以采用"图表归纳法"进行学习。搞清有关基本概念，抓住不同材料的结构和性能的显著特征，如高分子材料的力学特性、陶瓷材料的组织特征以及复合材料的分类与复合增强机制等，将有助于了解不同材料基于各自结构和性能的实际用途。表 6-1 和表 6-2 为高分子材料和陶瓷材料的应用举例。再次，可以采取开放式的学习方式，学习内容不局限于课堂讲授内容，尽可能联系加工工艺的现场情况，以加深理解与增强记忆。条件许可时，应适当组织参观、调研等，使学生增加感性认识，将会有助于对本章内容的学习。

表 6-1 高分子材料的应用举例

种类	名称	主要用途
塑料	聚乙烯 聚氯乙烯 ABS 聚四氟乙烯 有机玻璃	电缆包覆 薄膜 化工管道、容器 耐磨、耐蚀零件 透明、绝缘件
橡胶	丁苯橡胶 氯丁橡胶	密封件、减振件、轮胎、电线 胶管、胶带、汽车门窗嵌条
合成纤维	涤纶(的确良) 尼龙(锦纶) 腈纶(开司米)	纺织衣料、缆绳 纺织衣料、渔网 人造毛制品
胶粘剂	环氧胶粘剂(万能胶) 酚醛胶粘剂	胶结金属、塑料、玻璃、陶瓷等
涂料	酚醛树脂涂料 醇酸树脂涂料	清漆、绝缘漆、地板漆 金属、木材表面涂饰

表 6-2 陶瓷材料的应用举例

种类	名称	主要用途
普通陶瓷		日用品和工业器皿、容器、电工器件等
特种陶瓷	氧化铝陶瓷	耐火材料、工具材料等，如高温电绝缘材料、耐磨耐蚀用水泵等
特种陶瓷	碳化物陶瓷	(碳化硅)用于制成火箭喷嘴、加热元件、热电偶套管、高温轴承等
特种陶瓷	氮化物陶瓷	(氮化硼)可制成超硬刀具材料、高温电绝缘材料、高温模具(玻璃制品模具)等
特种陶瓷	金属陶瓷	工具材料、燃汽轮机的燃烧室、叶片等

下面结合以上所述方法，对本章的重难点内容进行解释如下。

6.2.2.1 高分子材料

高分子材料主要是指塑料和橡胶，二者有共性，也有差异。共性就是，塑料和橡胶都具有大分子结构，都具有温度敏感性且使用温度都不能太高（一般低于 300℃）等。二者的主要差别是，常温下，塑料是硬质材料，不能拉伸变形；而橡胶为软质材料，具有高弹性，即可拉伸变长，停止拉伸又可回复原状。生活中，人们的衣食住行都离不开高分子材料制品，尤其是塑料制品。因此，学习本章知识，可以结合我们常用的塑料制品，每遇到一种塑料制品，可查阅其构成和性质，逐渐积累，这样既有助于系统的总结塑料制品应用的知识体系，也有助于人们在生活中合理的使用这些产品。

塑料可分为热固性塑料和热塑性塑料。和热塑性塑料相比，热固性塑料一般具有更高的力学性能和热性能，更适宜作为工程材料。表 6-3 归纳了热塑性塑料和热固性塑料结构和性能的差异。工程塑料是指具有耐热、耐寒及良好的力学、电气、化学等综合性能，可以作为结构材料用来制造机器零件或工程构件的塑料总称。高分子材料不但具有一系列不同于金属材料的优异性能，更为独特的是其配方可调整范围大，从而其性能也可在很大范围内进行灵活的调整。高分子材料正趋向功能化，合金化发展，比传统金属材料具有更大的发展空间和更为广阔的应用领域。

表 6-3 热塑性塑料与热固性塑料性能比较

比较项目	热塑性塑料	热固性塑料
结构特征	分子链之间仅相互缠绕，而没有通过化学键相连，其分子链结构通常是线型和支链线型结构	分子链之间发生了化学交联反应，通过化学交联点相互连接，从而形成三维网状的分子结构
性能特征	受热时软化、熔融，冷却时硬化，此过程可逆且可多次重复，为可回收塑料 柔韧性好、阻尼性能好。强度差、刚度低、耐热性差，最高使用温度一般只有120℃左右，否则就会变形	受热时软化但不能熔融，强热时发生分解，冷却时硬化，为不可回收塑料 强度好，刚性大，柔韧性差，耐热耐磨，能在150~200℃的温度范围内长期使用，其电绝缘性能优良
应用	主要用于包装材料等日常生活用品	主要用于隔热、耐磨、绝缘、耐高压等恶劣环境中使用，如超过手柄、高压电器等

橡胶的主要原料为生胶。生橡胶是由线形大分子或者带支链的线形大分子构成，其力学性能很差，基本无使用价值。对生胶进行加工处理使其成为有用橡胶制品的必要过程为硫化。硫化是指线性高分子通过交联作用而形成网状高分子的工艺过程，其作用在于在一定的温度和压力条件下促使橡胶内的链状分子交联成网状分子，从而加强其拉力、硬度、老化、弹性等性能，使其具有实用价值。因最初的天然橡胶制品仅用硫磺作交联剂处理，因此，称橡胶的交联过程为"硫化"，这一词语有其历史局限性，随着橡胶工业的不断发展，目前已有多种非硫磺交联剂可使用。

6.2.2.2 复合材料

国际标准化组织（ISO）将复合材料定义为：两种或两种以上物理和化学性质不同的物质组合而成的一种多相固体材料。并应满足下面三个条件：

① 组元含量大于5%；
② 复合材料的性能显著不同于各组元的性能；
③ 通过各种方法混合而成。

复合材料有两种主要的组成成分：一是基体相，起黏结作用；二是增强相，起提高强度或韧性的作用。各种组成材料在性能上实现取长补短，产生协同效应，使复合材料的综合性能优于原组成材料，从而满足各种不同的要求。

树脂基复合材料（亦称聚合物基复合材料）是目前应用最广泛、消耗量最大的一类复合材料。其中，纤维增强的树脂基复合材料是工程应用中的首选。最早开发的树脂基复合材料是玻璃纤维增强的塑料（俗称玻璃钢），目前，高性能的碳纤维复合材料已引起了世界范围内越来越多的工程研究者的重视和青睐。由于各种增强纤维大多具有较高的弹性模量，因而，纤维增强树脂基复合材料多有较高的熔点和较高的高温强度。除此，由于大量纤维材料的存在，材料在负载产生裂纹时，裂纹的扩展要经历比较曲折、复杂的路径，换言之，纤维结构的存在在很大程度上削弱了裂纹的扩展，促使复合材料疲劳强度提高。另外，当纤维增强树脂基复合材料受力、过载时，部分纤维断裂，应力将迅速重新分配在未断纤维上，不会导致构件在瞬间完全丧失承载能力而破坏，所以纤维增强树脂基复合材料具有较高的强度和韧性，断裂的安全性较高。但是作为一种新型材料，复合材料也存在许多问题，如冲击韧性较差；因是各向异性材料，其横向拉伸强度和层间剪切强度不高，特别是制造成本较高等，使复合材料的应用受到一定的限制，尚需进一步研究解决，以便逐步推广使用。

6.3 典型习题例解

【例 6-1】 用塑料制造轴承，应选用什么材料？选用依据是什么？

分析 这是一道考核工程塑料应用范围的习题。解这类习题首先要熟悉各种常用工程塑料的性能及适用范围；其次要正确分析零件的服役条件和相应的性能要求，这样从具有相应性能的材料中通过进一步比较选出满足要求的材料。

解题/答案要点 可选用聚甲醛、聚四氟乙烯填充聚甲醛、尼龙 1010 等。轴承零件受力较小、要求摩擦系数小、自润滑性好。

【例 6-2】 玻璃钢为什么比无机玻璃和有机玻璃有更高的强度和韧性？

分析 这是一道考核不同种类工程材料性能的习题。解这类习题的前提是弄清所给材料的种类并熟悉各种常用工程材料获得强韧性的机理。

解题/答案要点

① 玻璃钢的学名为玻璃纤维增强塑料，属纤维增强复合材料，在外加载荷作用下，基体材料能将外载荷通过一定的方式传递给增强纤维，增强纤维承担大部分外力，基体主要提供塑性和韧性。纤维处于基体之中，相互隔离，表面受基体保护，不易损伤，受载时也不易产生裂纹。当部分纤维产生裂纹时，基体能阻止裂纹迅速扩展并改变裂纹扩展方向，将载荷迅速重新分布到其他纤维上，从而使材料具有高的强韧性。

② 无机玻璃——陶瓷材料，由于气相和应力的存在，强韧性很低。

③ 有机玻璃——工程塑料，由于分子间以结合力较弱的分子键结合且结晶度不高，强韧性不高。

6.4 本章自测题

1. 是非题

(1) 凡是在室温下处于玻璃态的高聚物就称为塑料。（　　）

(2) 高分子材料由单体组成，高分子材料的成分就是单体的成分。（　　）

(3) 陶瓷材料的抗拉强度较低，而抗压强度较高。（　　）

(4) 陶瓷材料可以制作刀具材料，也可以制作保温材料。（　　）

(5) 高分子材料的力学性能主要取决于其聚合度、结晶度和分子间力等。（　　）

(6) 玻璃钢是玻璃和钢丝组成的复合材料。（　　）

(7) 纤维增强复合材料中，纤维直径越小，纤维增强的效果就越大。（　　）

(8) 复合材料为了获得高的强度，其纤维的弹性模量必须很高。（　　）

(9) 立方氮化硼硬度与金刚石相近，是金刚石很好的代用品。（　　）

(10) 聚四氟乙烯的摩擦系数极低，在无润滑少润滑的工作条件下是极好的减磨材料。（　　）

2. 选择题

(1) 影响高分子材料力学状态的重要参数是（　　）。

    A. T_d B. T_g C. T_f D. T_b

(2) 从力学性能比较，聚合物的（　　）比金属材料的好。

A. 刚度　　　　B. 强度　　　　C. 冲击韧度　　　　D. 比强度

(3) 橡胶是优良的减振材料和摩阻材料，因为它具有突出的（　　）。

A. 高弹性　　　B. 黏弹性　　　C. 塑性　　　　D. 减摩性

(4) 合成橡胶的使用状态为（　　）。

A. 晶态　　　　B. 玻璃态　　　C. 高弹态　　　D. 黏流态

(5) Al_2O_3 陶瓷可用作（　　）。

A. 气缸　　　　B. 叶片　　　　C. 火花塞　　　D. 高温轴承

(6) 汽车仪表盘用（　　）制造。

A. 玻璃钢　　　B. 有机玻璃　　C. 无机玻璃　　D. 橡胶

(7) 下列关于高分子材料的特性叙述不正确的是（　　）

A. 相对密度小　B. 耐腐蚀性好　C. 导热性好　　D. 电绝缘性能好

(8) 完全固化后的环氧塑料（　　）

A. 高温下呈现黏流状态　　　　B. 也称为玻璃钢材料

C. 粉碎后可再次利用　　　　　D. 可用于结构材料

(9) 下列材料中常用于食品包装袋的材料是（　　）

A. 聚乙烯　　　B. ABS 树脂　　C. 酚醛树脂　　D. 聚四氟乙烯

(10) 关于橡胶的硫化处理，下列叙述正确的是（　　）

A. 橡胶硫化前后力学性能不变

B. 硫化处理前橡胶的分子结构由网状结构

C. 未经硫化处理的橡胶基本没有使用价值

D. 硫化剂只能是硫黄

3. 填空题

(1) 高分子材料按应用可分为_____、_____、_____。

(2) 无定形高聚物的三种力学状态是_____、_____和_____。

(3) 陶瓷的生产过程包括_____、_____和_____三大步骤。

(4) 玻璃钢是由_____和_____组成的复合材料。

(5) 高分子材料最显著的性能特征是_____。

(6) 高分子材料主要分为_____和_____两大类。

(7) 制备高分子材料的最基本原料是_____和_____两种。

(8) 与金属材料相比，高分子材料的比强度较_____，而耐腐蚀性更_____。

(9) 陶瓷材料与金属材料相比，_____的硬度更高。

(10) 应用最为广泛的复合材料是_____基复合材料。

4. 简答题

(1) 简评作为工程材料的高分子材料的优缺点（与金属材料比较）。

(2) 什么是橡胶的硫化处理？其意义何在？

(3) 陶瓷材料有哪些性能？简述原因。

(4) 简述热塑性和热固性塑料的异同点。

机械工程材料部分自测题参考答案

第1章 材料的内部结构

1. 是非题

(1) ×；(2) ×；(3) ×；(4) ×；(5) √；(6) √；(7) √；(8) √；(9) ×；(10) √。

2. 选择题

(1) A；(2) C；(3) A；(4) B；(5) C；(6) C；(7) A；(8) D；(9) C；(10) D。

3. 填空题

(1) 面心立方晶格，4，$\sqrt{2}a/4$；

(2) 空位，间隙原子和置换原子；

(3) 面；

(4) 分子量，组成，结构；

(5) 晶相，玻璃相，气相；

(6) 单位体积中位错线的总长度，cm/cm^3；

(7) 溶质原子和溶剂原子直径相近，晶体结构相近或相同，在元素周期表中位置比较接近；

(8) 组成晶格的最小几何组成单元；

(9) 固溶体、化合物；

(10) 细晶强化。

4. 简答题

(1) 略，参看表1-3及例1-1。

(2) 答：金属键的基本结构为：正离子＋电子云；金属是由金属键键合而成，因此其导电性、导热性及具有良好塑性均和该结构有关；如金属键受外力作用时，正离子间发生相对位置的移动，而金属键的结合形式不被破坏，因此具有良好塑性。

(3) 答：柔顺性指的是大分子由于构象变化获得不同卷曲程度的特性，影响因素有主链结构和取代基的性质。

(4) 答：多晶体中晶粒间的过渡区称作晶界，晶界处原子排列十分混乱，晶格畸变程度较大；晶界是晶体的一种面缺陷，除增大金属的塑性变形抗力外，还使硬度、强度增高，同时能够协调相邻晶粒间的塑性变形。

第2章 工程材料的力学性能

1. 是非题

(1) ×；(2) ×；(3) ×；(4) √；(5) √；(6) √；(7) ×；(8) ×；(9) √；(10) ×。

2. 选择题

(1) A；(2) C；(3) D；(4) D；(5) B；(6) A；(7) C；(8) D；(9) D；(10) B。

3. 填空题

(1) 伸长率，断面收缩率，断面收缩率；

(2) 变形，断裂；

(3) 屈服强度，抗拉强度；

(4) 冲击韧性，MJ/m²；

(5) 在 800℃条件下工作 100 小时所能承受的最大断裂应力；

(6) 金刚石圆锥体，硬质合金球；

(7) 试验发生屈服而力首次下降前的最高应力，在屈服期间不计初始瞬时效应时的最低应力，条件屈服强度；

(8) HRC、退火正火或调质钢件；

(9) 冷、热；

(10) 玻璃态、高弹态、黏流态。

4. 简答题

(1) 答：① 当材料在高温或低温下工作时，如高温下还需考虑材料的蠕变强度、持久强度，低温则需考虑材料的冷脆转变温度等；

② 当材料承受动载荷作用时，如在交变载荷作用下还需考虑材料的疲劳强度等。

(2) 答：金属结构材料在拉伸加载下，一般经历弹性变形、塑性变形和断裂三个过程，通常用应力-应变曲线来表征这种响应，在典型应力-应变（R-ε）曲线上有弹性极限、屈服极限和抗拉强度等指标。

(3) 答：弹孔周围晶粒比较细小。其原因是由于锡板被枪弹击穿的过程中，发生了剧烈的变形，同时由于其再结晶温度较低，因此还伴随着再结晶过程；而再结晶之后的晶粒大小和变形程度有关，一般超过临界变形程度后，变形程度越大其晶粒越细小。

(4) 答：屈服强度是工程上最重要的力学性能指标之一。其工程意义在于：①屈服强度（一般为下屈服强度）是防止材料因过量塑性变形而导致机件失效的设计和选材依据；ⅱ根据屈服强度与抗拉强度之比（屈强比）的大小，衡量材料进一步产生塑性变形的倾向，作为金属材料冷塑性变形加工和确定机件缓解应力集中防止脆性断裂的参考依据。

第3章 二元合金及相变基本知识

1. 是非题

(1) √；(2) ×；(3) ×；(4) ×；(5) ×；(6) ×；(7) √；(8) √；(9) ×；(10) √。

2. 选择题

(1) B；(2) C；(3) D；(4) C；(5) C；(6) B；(7) C；(8) B；(9) B；(10) D。

3. 填空题

(1) 独立的最基本的组成单元，纯元素，化合物；

(2) 成分、温度和相；

(3) 加快冷却速度，增加搅动或其他合金元素；

(4) 奥氏体的形核、奥氏体的长大、残余渗碳体的溶解、奥氏体的均匀化；

(5) 珠光体，铁素体和渗碳体；

(6) 碳在 γ-Fe 中形成的间隙；

(7) 扩散型，非扩散型；

(8) $\omega(C)=2.11\%$；

(9) 增大过冷度，变质处理，附加振动；

(10) 共晶反应、莱氏体，共析反应、珠光体，析出二次渗碳体，奥氏体向铁素体转变。

4. 简答题

（1）答：变质处理就是有意地向液态金属中加入某些变质剂，以细化晶粒和改善组织，达到提高材料性能的目的。

（2）答：二元匀晶型合金在结晶过程中，已结晶出的固溶体的成分沿固相线发生变化，但给出的命题没有说明 A、B 两组元熔点，故原命题不准确，只有在 A 组元熔点低于 B 组元熔点时才成立。

（3）答：汽车外壳多采用冲压成形，需要材料具有较好的塑性，低碳钢 $\omega(C)<0.2\%$ 的室温组织中含有较多铁素体，塑性较好；机床主轴、齿轮等多用于承受较大复杂载荷的情况下，中碳钢 $\omega(C)=0.25\%\sim0.6\%$ 中铁素体和珠光体含量相当，具有良好的综合力学性能，能够适合承受较大复杂载荷；刀具等需要有较高的硬度和耐磨性，高碳钢 $\omega(C)>0.6\%$ 中含有较多的渗碳体，故制造刀具等多用高碳钢；$\omega(C)>1.3\%$ 的碳钢，网状的二次渗碳体含量较多，表现出硬而脆的特点，因此工程上很少使用。

（4）答：马氏体的硬度主要取决于其中的含碳量，含碳量越高，马氏体硬度也就越高，随着马氏体含碳量的增加，c/a 增大，马氏体的硬度也随之增高。马氏体的塑性和韧性也与其含碳量有关。高碳马氏体的含碳量高，晶格的正方畸变大，淬火内应力也较大，往往存在许多显微裂纹。片状马氏体中的微细孪晶破坏了滑移系，也使脆性增大，所以脆性和韧性都很差。低碳板条状马氏体中的高密度位错是不均匀分布的，存在低密度区，为位错提供了活动余地，由于位错运动能缓和局部应力集中，因而对韧性有利；此外，其淬火应力小，不存在显微裂纹，裂纹通过马氏体条也不易扩展，所以板条马氏体具有很高的塑性和韧性。

第4章 材料的改性

1. 是非题

(1) ×；(2) ×；(3) √；(4) ×；(5) ×；(6) √；(7) √；(8) √；(9) ×；(10) √。

2. 选择题

(1) C；(2) A；(3) B；(4) B；(5) B；(6) D；(7) D；(8) D；(9) B；(10) A。

3. 填空题

(1) 亚共析，随炉；

(2) 正火，退火，调质；

(3) 热应力，相变应力；

(4) 单液淬火、双液淬火、等温淬火和分级淬火；

(5) 低温回火、中温回火和高温回火，低温；

(6) 钢在淬火时获得的淬硬层深度的能力，钢在淬火时的硬化能力；

(7) 集肤效应，感应电流；

(8) 0.9%左右；

(9) 固溶强化，第二相强化，细晶强化；

(10) 表面淬火，化学热处理。

4. 简答题

（1）答：V_K 指的是淬火时只发生马氏体转变的最小冷却速度，一般 V_K 值越小钢的淬透性越好。

(2) 答：正火和退火的主要区别在于正火的冷却速度稍快，所以获得的组织比退火细，强度和硬度高于退火。正火的主要应用场合如下：

ⅰ. 对力学性能要求不高的零件可以作为最终热处理；

ⅱ. 低碳钢正火后可获得合适的硬度，改善了切削加工性能；

ⅲ. 过共析钢退火前进行一次正火，可消除网状的二次渗碳体，以保证球化退火时渗碳体全部球化。

(3) 答：铝合金状态图如右图所示。

铝合金中成分位于 F 和 D' 之间时，在溶解度线 DF 以上为单相固溶体组织，室温

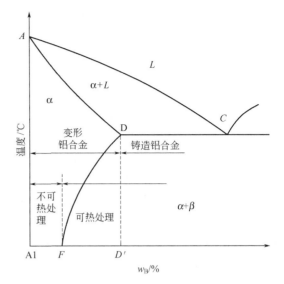

下为两相组织，将这种铝合金加热形成单相固溶体后快速冷却，使第二相来不及析出形成过饱和的单相固溶体；而这种过饱和的单相固溶体在时效过程中会不断析出尺寸细小、弥散分布的中间产物，导致晶格严重畸变，从而使强度、硬度提高。这种改性方法称为固溶时效强化。

(4) 答：T12 钢加热到 650℃ 水淬不发生相变，组织性能不变；780℃ 是 T12 钢的正常淬火温度，获得马氏体组织，强度较高、硬而脆；930℃ 时，由于温度过高淬火后得到粗大的马氏体组织，硬度不如 780℃ 淬火且脆性更大。

第 5 章　金属材料

1. 是非题

(1) ×；(2) √；(3) ×；(4) √；(5) ×；(6) √；(7) √；(8) ×；(9) √；(10) √。

2. 选择题

(1) D；(2) A；(3) D；(4) A；(5) B；(6) C；(7) D；(8) A；(9) B；(10) B。

3. 填空题

(1) 普通钢、优质钢、高级优质钢和特级优质钢，硫和磷；

(2) 碳化物形成元素，非碳化物形成元素；

(3) 0.10%～0.25%，淬透性；

(4) 刃具钢、模具钢和量具钢；

(5) 消除粗大鱼骨状碳化物，保证有足够的合金元素溶入奥氏体中提高热硬性，回火马氏体+合金碳化物+少量残余奥氏体；

(6) 不锈，提高耐蚀性，防止晶间腐蚀；

(7) 化学成分，冷却速度；

(8) 正火、去应力退火、淬火+回火等；

(9) 人工时效，自然时效；

(10) 青铜，$\omega(\text{Sn})=4\%$。

4. 简答题

（1）答　合金元素对回火过程的影响有提高回火稳定性，产生二次硬化现象、增大回火脆性。

（2）答　9SiCr钢属于工具钢中低合金刃具钢，其大致化学成分为$\omega(C)=0.9\%$、$\omega(Si)$、$\omega(Cr)<1.5\%$，热处理方法为球化退火、淬火+低温回火，主要用于制造低速机加工刀具如铰刀、丝锥等。

（3）答　石墨强度、韧性极低，相当于钢基体上的裂纹或空洞，它减小基体的有效截面，并引起应力集中。普通灰铸铁和孕育铸铁的石墨呈片状，对基体的严重割裂作用使其抗拉强度和塑性都很低。球墨铸铁的石墨呈球状，对基体的割裂作用显著降低，具有很高的强度，又有良好的塑性和韧性，其综合机械性能接近于钢。蠕墨铸铁的石墨形态为蠕虫状，虽与灰铸铁的片状石墨类似，但石墨片的长厚比较小，端部较钝，对基体的割裂作用减小，它的强度接近于球墨铸铁，且有一定的韧性，较高的耐磨性。可锻铸铁的石墨呈团絮状，对基体的割裂作用较小，具有较高的强度、一定的延伸率。

（4）答　轴承合金的性能要求一般有：一定的强度和疲劳抗力，足够的塑性和韧性，较小的摩擦系数、良好的磨合能力和储油能力，良好的导热性、抗蚀性和低的膨胀系数；为满足上述要求，轴承合金的组织特点为软硬兼有，或者是软基体上均匀分布着硬质点，或者是硬基体上均匀分布着软质点。

第6章　非金属材料

1. 是非题

（1）×；（2）×；（3）√；（4）√；（5）×；（6）×；（7）×；（8）√；（9）√；（10）√。

2. 选择题

（1）B；（2）D；（3）B；（4）B；（5）C；（6）B；（7）C；（8）D；（9）A；（10）C。

3. 填空题

（1）通用塑料，工程塑料，特种塑料；

（2）玻璃态，高弹态，黏流态；

（3）原料配制，坯料成型，制品烧结；

（4）环氧树脂，玻璃纤维；

（5）黏弹性；

（6）热塑，热固；

（7）树脂，固化剂；

（8）高，好；

（9）陶瓷；

（10）树脂。

4. 简答题

（1）答：优点：相对密度小，耐腐蚀性能好，优良的电绝缘性能，优良的减振隔声性能，耐电弧性和极小的介质损耗等；缺点：强度、硬度和刚度较小，易老化，热膨胀系数大，高温下易发生蠕变且最高使用温度不超过300℃，导热性差、易燃等。

（2）答：橡胶的主要原料为生胶。生胶是由线形大分子或者带支链的线形大分子构成，其力学性能很差，基本无使用价值。对生胶进行加工处理使其成为有用橡胶制品的必要过程为硫化。硫化是指线性高分子通过交联作用而形成的网状高分子的工艺过程，其作用在于在一定的温度和压力条件下促使橡胶内的链状分子交联成网状分子，从而加强其拉力、硬度、老化、弹性等性能，使其具有实用价值。因最初的天然橡胶制品仅用硫磺作交联剂处理，因此，称橡胶的交联过程为"硫化"。

（3）答：陶瓷材料的弹性模量、刚度、硬度、耐磨性、抗压强度等性能较好，但塑性、韧性和抗拉强度较差。其原因可以从性能特征主要取决于其组成、结构特点的角度进行分析。

（4）答：热塑性和热固性塑料的异同点参见表 6-3。

第二部分　材料成形基础学习指导

7. 金属液态成形（铸造）

7.1 学习内容与学习要求

7.1.1 学习内容

液态金属充型能力及其影响因素，金属的凝固与收缩，液态成形件的缺陷及防止方法，液态成形件的质量与控制；常用液态成形合金及其熔炼；液态金属的成形工艺与方法；液态成形金属件的结构与工艺设计；液态成形技术的新进展简介。

7.1.2 学习要求

① 理解液态金属充型能力的含义及其影响因素。
② 了解铸件的凝固方式和合金的收缩过程。
③ 熟悉常见的液态成形件的缺陷，能初步分析常见缺陷的产生原因、特征及相应的防止措施。
④ 了解液态成形件质量与控制的一般思路和方法。
⑤ 了解常见液态成形合金的熔铸特点。
⑥ 了解常见的液态金属成形方法，能分析比较各种成形方法的特点和应用，对一些典型零件能较为合理地选用成形方法。
⑦ 初步掌握砂型铸造浇注位置、分型面及工艺参数的选择，能绘制典型铸件的铸造工艺简图。
⑧ 根据合金铸造性能、铸造工艺及铸造方法，分析铸件的结构工艺性。
⑨ 了解液态成形技术新工艺、新技术及其发展趋势。

7.2 重难点分析及学习指导

7.2.1 重难点分析

金属液态成形（铸造）在机械制造业中占有重要的地位，它是制造毛坯、零件的重要方法之一。其具有如下特点：
① 能够成形形状复杂、特别是具有复杂内腔的毛坯；
② 适应性广，几乎不受尺寸、重量、生产类型、合金材料等的限制；
③ 成形成本低廉，原材料来源广泛且价格低廉，成形中一般不需要昂贵设备；
④ 液态成形金属件和零件尺寸形状相近，便于切削加工等。对于任何一种成形工艺而

言，讨论的重点不外乎常见的成形材料、成形方法及成形工艺设计这三个方面。

对于本章而言学习的重点有：

① 液态金属充型能力的含义及其影响因素。

② 常见缺陷的产生原因、特征及相应的防止措施。

③ 能够较为合理地选择典型零件的液态成形方法。

④ 浇注位置及分型面的选择原则和方法。

⑤ 铸件结构设计及其工艺性分析。

本章学习的难点为：热应力形成过程及变形规律

7.2.2 学习指导

7.2.2.1 液态金属的充型能力

液态金属充满铸型型腔，获得尺寸精确、轮廓清晰的成形件的能力，称为液态金属的充型能力。液态金属的充型能力取决于熔融金属的流动能力，显然熔融金属的流动能力越强，其充型能力也就越好。通常我们提到，影响液态金属充型能力的因素有金属本身的流动性和工艺因素两个方面。金属本身的流动性对充型能力的影响比较直观，也容易理解；但是，铸造工艺因素对充型能力的影响涉及到许多方面，很多同学感到较为杂乱，也因此会顾此失彼，最终将其归为不容易记忆。其实，在学习工科课程中最为忌讳的是死记硬背，在学习这部分内容时也同样如此，应重在分析理解上。

前面提到金属本身的流动性对充型能力的影响比较直观，那么对于工艺因素对充型能力的影响也可以联系金属本身的流动性来理解，应用"特征分析法"进行分析。液态金属的充型能力的实质是熔融金属的流动能力，熔融金属的流动能力一般表现为熔融金属在型腔中保持液态的时间的长短以及流动的阻力大小。金属本身的流动性好，可以理解为金属能够保持液态的停留时间长，且流动的阻力小，由此就可以得出这样一个结论：凡是有利于延长金属液态的停留时间和减小金属流动的阻力的因素，都会提高液态金属的充型能力。把握住这一特征，同时联系到铸造工艺因素，即浇注条件、铸型条件以及铸件结构三个方面，逐一分析，可以说液态金属的充型能力的影响因素就显而易见了。

下面以同学容易忽略的铸件结构对液态金属的充型能力的影响为例：

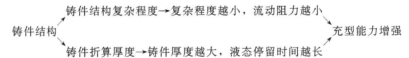

7.2.2.2 铸件缺陷的分析及防止

金属液态成形过程比较复杂，一些工艺过程难以控制，易产生各种缺陷，产品质量不够稳定，因此对铸件缺陷进行分析，并根据分析提出相应得工艺措施，对于提高铸件质量，减少废品有着重要意义。同时，铸件缺陷分析后提出相应改进的工艺措施也是本章学习的重点内容之一。

通过金工实习，对常见的铸件缺陷有了较强的感性认识，并初步掌握了其主要特征。常见的铸件缺陷一般可分为孔洞类缺陷、裂纹类缺陷、表面缺陷、夹杂类缺陷、形状类缺陷和性能成分组织类缺陷等，引起这些缺陷的原因主要有充型能力不足、合金的收缩、铸造工艺设计不合理以及工艺实施不当等。根据教学大纲要求，对铸件的缺陷要着重掌握缩孔和缩松、变形和裂纹这四种缺陷。引起这四种缺陷的主要原因是合金的收缩，其中缩孔和缩松是在液态收缩和凝固收缩阶段得不到及时补缩形成的，而变形和裂纹则是因为产生了铸造应力而形成的,铸造应力的种类如图 7-1 所示。铸造应力一般包括热应力和机械应力,其中机械应力会随着机械阻碍去除(落砂)自行消除,但在机械阻碍去除之前,机械应力和热应力会共同作用,增大铸件产生变形和裂纹的倾向。因此,防止缩孔和缩松应该从补缩切入,如选择合适的铸造合金、优化铸件结构减少热节、合理控制工艺参数(浇注温度等);防止变形和裂纹则应该从减小铸造应力入手,如合理设计铸件结构(对称、减小壁厚差)、采用反变形等。同时,在学习过程中深入理解合金的收缩,尤其是铸造热应力的产生及变形规律,对掌握这部分内容有很大帮助。

图 7-1 铸造应力种类

7.2.2.3 热应力的形成过程及变形规律

铸造热应力产生规律一般可以论述为:厚大部分受拉,薄壁部分受压。对热应力形成过程尽管各种教材上都进行了分析,但学生仍感觉难以理解,下面对这部分内容进一步进行说明。

如图 7-2(b) 所示 T 形梁铸件,它是由杆 Ⅰ 和杆 Ⅱ 组成的整体,杆 Ⅰ 为厚壁截面,冷凝慢;杆 Ⅱ 为薄壁截面,冷凝快,但杆 Ⅰ 和杆 Ⅱ 又是联成一体,因此收缩时必然相互制约而产生阻碍。图 7-2(a) 为 T 形梁铸件杆 Ⅰ 和杆 Ⅱ 的冷却曲线,图中 t_K 为所用合金的弹塑性转变温度,其热应力形成过程如下。

第一阶段 如图 7-2(c) 所示,当合金冷却到时间 τ_1 以前,杆 Ⅰ 和杆 Ⅱ 都处于塑性状态。若两杆分别自由收缩,则杆 Ⅰ 应该收缩到 L_1',杆 Ⅱ 应该收缩到 L_1''。但由于两杆连在一起,彼此受到约束,只能有一个共同长度 L_1。因此,杆 Ⅰ 被塑性压缩 l_1';杆 Ⅱ 被塑性拉伸 l_1'',由于处于塑性状态,故变形后铸件内没有应力。

第二阶段 如图 7-2(d) 所示,当合金冷却到时间 τ_1 与 τ_2 之间,杆 Ⅰ 处于塑性状态,杆 Ⅱ 已冷却到 t_K 温度之下,处于弹性状态。由于弹性杆的变形比塑性杆要困难得多,所以整个铸件的收缩由弹性杆确定(杆 Ⅱ),使杆 Ⅰ 继续产生塑性压缩 l_2';又因杆 Ⅰ 仍处于塑性状态,所以变形后应力消失。τ_2 时整个铸件的长度为 L_2(也就是杆 Ⅱ 的长度 L_2'')。

第三阶段 如图 7-2(e) 所示,当合金冷却超过时间 τ_2,杆 Ⅰ 和杆 Ⅱ 均冷却到 t_K 温度之下,处于弹性状态。此时两杆长度相同(L_3),但温度不同,杆 Ⅰ 高于杆 Ⅱ。若两杆均能自由收缩,冷却至室温则杆 Ⅰ 应该收缩到 L_3',杆 Ⅱ 应该收缩到 L_3''。显然杆 Ⅰ 的收缩量大于杆 Ⅱ,即 $L_3'<L_3''$。但实际两杆连在一起,彼此受到约束,只能有一个共同长度 L_3,由于杆 Ⅰ 的收缩受到了杆 Ⅱ 的约束而在其内部产生了拉应力,因此被弹性拉伸 l_3';杆 Ⅱ 则由于杆 Ⅰ 的收缩作用而产生了压应力,被弹性压缩 l_3''。最终整个铸件以 L_3 长度处于暂时平衡状态。

这种暂时平衡状态,最终会随着内应力的释放产生一定的塑性变形,达到平衡状态。其变形的方向是,受拉应力的部分产生收缩,受压应力的部分产生拉伸,从而形成上翘变形,如图 7-2(f) 所示。这时许多同学又会产生疑问,"为什么受拉应力的部分产生收缩,受压应力的部分产生拉伸?",注意这里的应力是内应力。曾经有一位教师形象对此作了一个比拟,他讲:"这种情况就像一个人被左右各一个人用力拉他的手,这个人会感觉不舒服,相当于在其体内产生了拉应力,那么这个人的本能会拼命往回缩,这样他感觉舒服一些。"虽然这

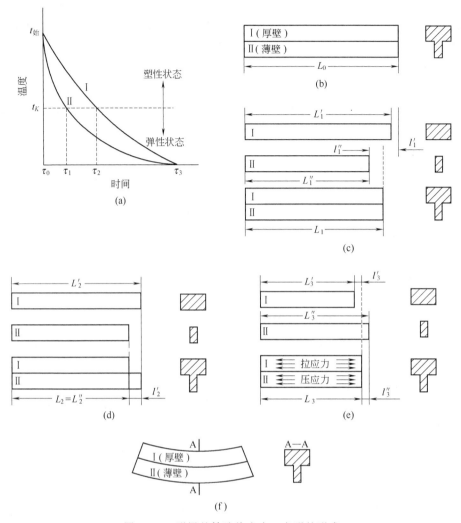

图 7-2 T 形梁的铸造热应力、变形的形成

个比拟不是很准确,但对于同学理解这一规律会有些帮助。

此外,还可以将热应力产生规律作一延拓:热量集中部分受拉,热量分散部分受压,那么这样对于产生热应力的其他场合就可以利用这一规律进行分析了。如焊接热应力,近焊缝处热量集中受拉,远离焊缝处热量分散受压。

7.2.2.4 顺序凝固与同时凝固原则

铸件质量受工艺因素影响很大,要获得高质量的铸件,就要合理地控制相关的工艺条件。为了减少铸件缺陷,提高铸件质量,工艺上常采用控制凝固原则的方法来实现。常见的凝固原则主要是顺序凝固和同时凝固,这两者是比较容易混淆的,而且它们的选用也有一定的难度。关于这两种凝固原则的掌握、理解与运用,同学们要从其含义、特点与应用范围这几个角度去总结把握,才能最终做到理解深刻,记忆牢固,运用灵活。

顺序凝固也称为定向凝固,是指从工艺上采取各种措施,使铸件从远离冒口或浇口的部分到冒口或浇口之间建立一个逐渐递增的温度梯度,从而使远离冒口的薄的部分先凝固,然后按顺序地向着冒口或浇口的方向凝固,以实现铸件厚实部分补缩细薄部分,而冒口又最后补缩厚实部分,从而将缩孔移入冒口中,最终获得致密的铸件。顺序凝固的优点是:冒口的补缩作用好，可防止缩孔和缩松，获得组织致密且无缩孔的铸件。其缺点是：由于铸件各部分温差大，容易产生应力、变形和热裂。由于需要足够大的冒口和必要补贴，会降低工艺出品率，并增加去除冒口和补贴的工作量。凝固收缩比较大、结晶温度范围又较窄的合金铸件多采用顺序凝固方式。

同时凝固是指从工艺上采取各种措施，使铸件各部分之间的温差很小或为零，以达到各部分几乎同时凝固的原则。同时凝固原则的优点是，凝固时期铸件不容易产生热裂，凝固后也不易引起应力、变形；由于不用冒口或冒口很小而节省金属、简化工艺、减小劳动量。其缺点是铸件中心区域往往出现缩松，铸件不致密。同时凝固原则一般在如下情况下选用：共晶成分和近共晶成分的灰铸铁件，结晶温度范围大而对气密性要求不高的铸件，壁厚均匀且不是很厚实的铸件，球墨铸铁件利用石墨化膨胀实现自补缩。

对于某一具体铸件，要根据合金的特点、铸件的结构及其技术要求，以及可能出现的其他缺陷，如应力、变形、裂纹等综合考虑，找出主要矛盾，合理地确定采用哪种凝固原则。实际上，一般不能简单地采用哪一种凝固方式，而往往是将两者有机结合，即采用复合凝固方式，如从整体上是同时凝固，为了个别部位的补缩，铸件局部是顺序凝固，或者相反。

7.2.2.5 典型零件液态成形方法的选择

液态成形（铸造成形）方法一般可以分为两大类，即砂型铸造和特种铸造。各种铸造成形均有其优缺点和适应范围，如表 7-1 所示。

表 7-1 几种铸造方法的比较

铸造方法	砂型铸造	熔模铸造	金属型铸造	压力铸造	低压铸造
适用金属	任意	不限制，以铸钢为主	不限制，以有色合金为主	铝、锌、镁等低熔点合金	以有色合金为主，也可用于黑色金属
铸件大小	任意	小于 25kg，以小铸件为主	以中、小铸件为主	一般为 10kg 以下，也可用于中型铸件	以中、小铸件
批量	不限制	一般用于成批、大量生产，也可用于小批量	大批、大量	大批、大量	大批、大量
铸件尺寸公差/mm	100±1.0	100±0.4	100±0.3	100±0.4	—
表面粗糙度 Ra/μm	粗糙	25~12.5	6.3~1.6	25~6.3	—
铸件内部质量	结晶粗	结晶粗	结晶细	表层结晶细，内部多有气孔	结晶细
铸件加工余量	大	小或不加工	小	小或不加工	较小
生产率	低、中	低、中	最高	中	
铸件最小壁厚/mm	3.0	通常 0.7	铝合金 2~3，铸铁 40	0.5~1.0	一般 2.0

下面主要讨论液态成形方法选择的一般思路和依据。

针对某一具体零件而言，一般首先考虑选择砂型铸造。尽管砂型铸造有着许多缺点如精度不高、表面质量较差等，但其适应性最强且价格低廉；而特种铸造仅在相应条件下，才能显示出其优越性。因此，选择铸造成形方法时首先应考虑选择砂型铸造。

其次综合考虑下面选择依据。

(1) 合金种类 铸造方法适用合金种类，主要取决于铸型的耐热状况。其中砂型铸造所用型砂耐火度可达1700℃，因此砂型铸造可用于铸钢、铸铁、有色合金等多种材料；熔模铸造的型壳的耐火度更高，还可以用于合金铸钢件；金属型铸造、压力铸造等一般采用金属制作铸型，因此一般只用于有色合金。

(2) 铸件的形状特征 砂型铸造可以生产复杂形状的铸件，尤其是具有复杂内腔的零件；熔模铸件的外形在一定程度上可以比砂型铸造更加复杂，但不适合具有内腔的零件的生产；金属型铸造、压力铸造等一般采用金属制作铸型，复杂铸型制作比较困难，且不利于抽芯和取件，因此金属型铸件、压力铸件一般不宜太复杂。

(3) 铸件的大小方面 一般砂型铸造对铸件大小的限制较小，可适合小、中、大件，熔模铸造由于难以用蜡料制出较大模样及受型壳强度和刚度限制，一般只适宜生产小型铸件；金属型铸造、压力铸造等，由于制造大型金属铸型较困难，一般用于中、小型铸件的生产。

(4) 铸件的精度 砂型铸造较低，特种铸造均高于砂型铸造，其中压力铸造的尺寸精度和表面质量可以达到很高，为CT8～CT4，Ra 3.2～0.8，不需要进行切削加工就可以直接使用。

针对某一具体零件选择其液态成形方法，可按照"条件筛选法"和"特征分析法"进行。所谓条件筛选法，就是分析零件的特征（已知条件），从铸造方法中依次选择，直到全部满足已知条件为止；所谓特征分析件法，就是找出已知条件中的性能特征（关键条件），再以关键条件为主，适当考虑其他条件进行选择。如摩托车的汽缸体，合金种类多使用铝合金，形状复杂且有复杂内腔，中等铸件，精度要求一般，若按照"条件筛选法"选择时，在众多的铸造方法中选择砂型铸造较为合适；再如大直径污水管，其突出特点为属于中空圆柱体零件，按照"特征分析法"进行选择，可直接选用离心铸造。

7.2.2.6 浇注位置及分型面的选择

浇注位置是指浇注时铸件在铸型中所处的空间位置，具体指铸件上的某个表面是位于铸型的上表面、侧面，还是下面，要和浇口位置区分开来。确定浇注位置的"三下一上"原则，主要是着眼于如何保证铸件的质量。例如将薄壁部分位于铸型中的下部，以利于合金液充型；厚大部分朝上，有利于合金液补缩；将铸件上的重要表面放置于铸型下面或侧面，以获得无气孔、渣孔等缺陷的光洁表面。但是，需注意有时铸件上的重要面不一定是加工面如要求良好外观的铸件，就应将其不加工面朝下。分型面指的是铸型组元的结合面，分型面的位置应保证模型能顺利从铸型中取出，这是确定分型面的基本要求，为此分型面应选在铸件的最大截面处。除此之外，选定分型面的形状和位置还应考虑保证铸件的尺寸精度、减少分型面数量、平面分型、使砂芯位于下箱等，可见分型面的选择主要考虑简化造型，兼顾铸型质量。

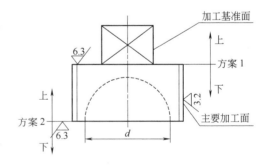

图 7-3 水管堵头的分型面

浇注位置和分型面的选择，涉及许多工程背景知识，由于对工程背景知识的欠缺，大多数的学生感觉浇注位置和分型面的选择比较难。建议同学们在学习这部分内容时要尽可能地联系实践，同时对某一具体问题要注意特别给出的条件，给出的条件往往就是工程上主要关心的问题,抓住这些信息可以弥补工程背景知识的欠缺,做到有的放矢。如图 7-3 所示水管堵头的浇注位置和分型面的选择,在图中给出了"加工基准面"和"主要加工面",主要加工面朝下放置没有任何疑义,但考虑"加工基准面-堵头方台的四个侧面"和"主要加工面-外圆螺纹面"在同一砂箱之中,以减少错箱,保证加工面和基准面直接的相互位置精度,满足铸件质量要求,因此方案②比方案①好。

7.2.2.7 铸件的结构工艺性

铸件结构指的是铸件的外形、内腔、壁厚、壁与壁之间的连接形式、加强筋、凸台等。铸件结构工艺性就是指上述铸件结构的设计应满足铸造工艺、合金的铸造性能以及铸造方法等方面的要求。具体要求是所设计的零件能方便造型、有利于保证质量、满足铸造方法的特殊要求。结构工艺性好的铸件,容易制造,能多快好省地得到优质铸件。因此,对于铸件结构而言,不仅应满足使用要求,而且要便于铸造成形,所以在分析铸件结构工艺性和设计铸件结构时,要注重融入铸造工艺来指导铸件结构设计与优化。

7.3 典型习题例解

【例 7-1】 试选择如图 7-4(a)所示连接盘零件,小批量生产时所采用的浇注位置和分型面。

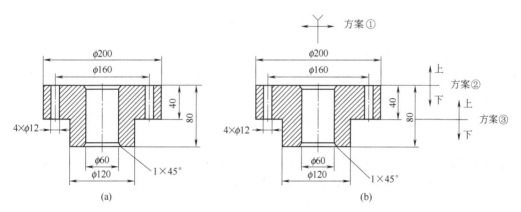

图 7-4 连接盘零件和分型方案

分析 根据连接盘的使用功能,可知连接盘零件上的 $\Phi 60$ 孔和 $\Phi 120$ 端面质量要求较高,按照分型面基本要求,选在最大截面上,该零件可有三种分型方案,如图 7-4(b)所示。其中方案①浇注时零件轴线呈水平分型,双点支撑型芯稳定性好,但需采用分模造型,容易错箱,无法保证 $\Phi 60$ 孔和 $\Phi 120$ 端面质量要求;方案③沿 $\Phi 200$ 下端面分型,此时 $\Phi 120$ 端面朝下,可以保证其质量,但分模造型容易产生错箱而导致 $\Phi 60$ 孔上下不同轴, $\Phi 60$ 孔的质量无法保证,且型芯不易安放;方案②采用 $\Phi 120$ 端面作为分型面,此时铸件全部处于下箱、且质量要求较高的 $\Phi 60$ 孔和 $\Phi 120$ 端面处于侧面或下面,铸件质量好,且直立型芯的高度不大,稳定性尚可。

解题/答案要点 综合分析宜选择方案②。

【例 7-2】 某厂铸造一个 $\Phi 1500mm$ 的铸铁顶盖,有如图 7-5 所示两种设计方案,试分析哪种方案易于生产?简述其理由?

分析 这是一道考查铸件结构设计的题目。表面上看,似乎图 7-5(b)结构更加合理;

但仔细分析，铸铁顶盖尺寸很大，壁厚较薄，属于大平面结构。对于铸件上的大水平面，极易产生浇不足的缺陷；同时平面型腔的上表面容易产生夹砂，也不利于气体和非金属夹杂物的排除；此外，图（a）的方案，除避免了上述不利因素，还因为具有一定的结构斜度，有利于造型。

解题/答案要点　图(a)的方案更为合理。理由参看分析。

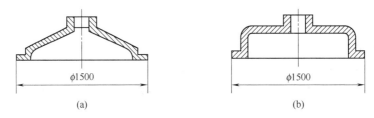

图 7-5　铸铁顶盖

【**例 7-3**】 图 7-6 是一种 T 形铸件，试分析铸件中热应力分布情况，并指出铸件变形的趋势。

图 7-6　T 形铸件

分析　这是一道考查热应力形成与变形的题目。首先要明确细杆与粗杆在整个冷却过程中冷却速度的差异，冷却速度不同使其在同一冷却范围内所处的状态和自由收缩量不同，由于两杆的相互限制，会使他们内部产生热应力，而且受力性质不同。通常，厚大部分受拉，薄壁部分受压，而且受拉应力的部分倾向收缩，受压应力的部分倾向拉伸，因此产生下翘变形。

解题/答案要点　T 形铸件冷却到室温后，粗杆内产生拉应力，细杆内产生压应力。热应力引起 T 形铸件产生如图 7-7 所示的变形趋势。

图 7-7　铸件变形趋势示意图

【**例 7-4**】 尺寸为 800mm×800mm×30mm 的铸铁钳工平板采用砂型铸造，铸后立即安排机械加工，但使用了一段时间后出现翘曲变形。请问：

① 该铸件壁厚均匀，为什么会发生变形？分析原因。

② 如何改进平板结构设计，防止铸件变形？

分析　这是一道综合考查铸造应力及结构工艺性的题目。

解题/答案要点

① 产生变形的主要原因在于铸后立即安排机械加工。因为铸后平板上下表面受压、心部受拉，机加工时上表面受压层被去除，应力平衡被破坏故产生翘曲变形。

② 在中心处开设工艺孔或增加加强筋。

7.4 本章自测题

1. 是非题

(1) 当过热度相同时，亚共晶铸铁的流动性随着含碳量的增加而提高。（　　）

(2) 合金收缩经历三个阶段，其中液态收缩和固态收缩是产生缩孔和缩松的基本原因。（　　）

(3) 为防止铸件产生裂纹，在设计零件时力求壁厚均匀。（　　）

(4) 球墨铸铁含碳量接近共晶成分，因此一般不需要设置冒口和冷铁。（　　）

(5) 选择分型面的第一条原则是保证能够起模。（　　）

(6) 起模斜度是为便于起模而设置的，并非零件结构所需要。（　　）

(7) 熔模铸造和压力铸造均可铸出形状复杂的薄壁铸件，是因为保持了一定工作温度的铸型提高了合金充型能力所致。（　　）

(8) 采用型芯可获得铸件内腔，不论是砂型铸造还是金属型铸造、离心铸造均需要使用型芯。（　　）

(9) 为便于造型，设计零件时应在垂直于分型面的非加工表面上给出结构斜度。（　　）

(10) 铸造圆角主要是为了减少热节，同时还有美观的作用。（　　）

2. 选择题

(1) 合金的铸造性能主要包括（　　）。

    A. 充型能力和流动性　　　　　　B. 充型能力和收缩

    C. 流动性和缩孔倾向　　　　　　D. 充型能力和变形倾向

(2) 消除铸件中残余应力的方法是（　　）。

    A. 同时凝固　　B. 减缓冷却速度　　C. 时效处理　　D. 及时落砂

(3) 下面合金形成缩松倾向最大的是（　　）。

    A. 纯金属　　　　　　　　　　　B. 共晶成分的合金

    C. 近共晶成分的合金　　　　　　D. 远离共晶成分的合金

(4) 为保证铸件质量，顺序凝固常用于（　　）铸件生产中。

    A. 缩孔倾向大的合金　　　　　　B. 吸气倾向大的合金

    C. 流动性较差的合金　　　　　　D. 裂纹倾向大的合金

(5) 灰口铸铁、可锻铸铁和球墨铸铁在机械性能上有较大差别，主要是因为它们（　　）不同。

    A. 基体组织　　B. 碳的存在形式　　C. 石墨形态　　D. 铸造性能

(6) 如图 7-8 所示具有大平面铸件的 4 种分型面和浇注位置方案中，（　　）最合理。

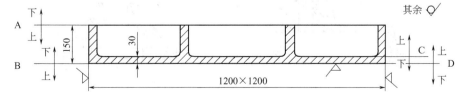

图 7-8　大平面铸件的 4 种方型方案

(7) 生产上，为了获得珠光体灰铸铁件，常采用的方法是（   ）。
   A. 孕育处理   B. 增大原铁水中的硅的含量
   C. 适当降低冷却速度   D. 热处理

(8) 用同一化学成分的液态合金浇注同一形状和尺寸的铸件。若砂型铸件的强度为$R_{砂}$，金属型铸件的强度为$R_{金}$，压力铸件的强度为$R_{压}$，则有（   ）。
   A. $R_{砂}=R_{金}=R_{压}$ B. $R_{砂}>R_{金}>R_{压}$
   C. $R_{砂}<R_{金}<R_{压}$ D. $R_{砂}<R_{金}>R_{压}$

(9) 下面（   ）因素不会影响砂型铸件的加工余量的选择。
   A. 合金种类   B. 造型方法   C. 铸件尺寸   D. 生产批量

(10) 形状复杂零件的毛坯，尤其是具有复杂内腔时，最适合采用（   ）生产。
   A. 铸造   B. 锻造   C. 焊接   D. 热压

3. 填空题

(1) 合金的流动性常采用浇注_____试样的方法来衡量，流动性不好的合金容易产生_____、_____、气孔、夹渣等缺陷。

(2) 凝固温度范围窄的合金，倾向于_____凝固，容易产生缩孔的缺陷；凝固温度范围宽的合金，倾向于_____凝固，容易产生缩松的缺陷。

(3) 铸件在冷却收缩过程，因壁厚不均匀而引起的应力称作_____应力，铸件收缩受到铸型、型芯、浇注系统等的限制而产生的应力称作_____应力。

(4) 砂型铸造的造型方法一般分为_____两类。

(5) 浇注系统是为填充型腔和冒口而开设于铸型中的一系列通道，通常由浇口杯、直浇道、_____、_____四部分组成。

(6) 固态收缩指的是_____收缩，常用_____来表示。

(7) 热节指的是_____，判断热节常用的方法有_____和_____。

(8) 根据裂纹产生的原因，可分为_____和_____两种。

(9) 铸造工艺设计时需确定的工艺参数有（至少列出三个）_____。

(10) 防止铸件变形的措施除采用反变形法外，还可以采用_____、_____。

4. 简答题

(1) 何谓"合金的充型能力"？影响合金充型能力的因素有哪些？

(2) 分析图 7-9 所示铸件结构工艺性，若不合理请改进。

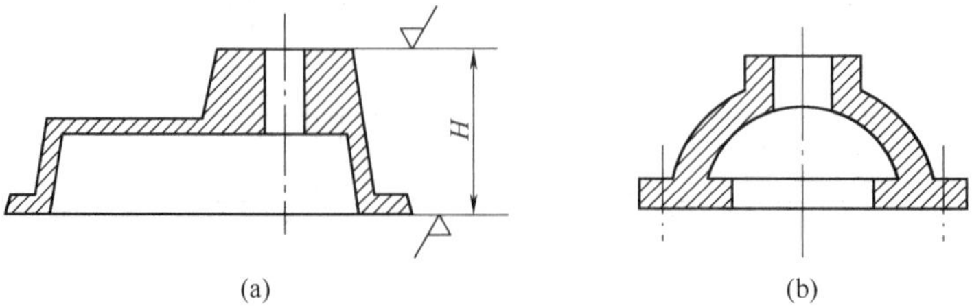

图 7-9　铸件结构工艺性

(3) 试选择下列零件的铸造方法：缝纫机头、汽轮机叶片、水暖器片、汽车喇叭

(4) 简述铸造热应力的形成过程。

8. 金属塑性成形（锻压）

8.1 学习内容与学习要求

8.1.1 学习内容

金属的塑性成形工艺基础；自由锻、模锻、胎膜锻、冲压等金属塑性成形方法；自由锻件的工艺设计，模锻件的工艺设计，板料冲压件的工艺设计；金属塑性成形技术的新进展简介。

8.1.2 学习要求

① 熟悉金属的锻造性能及其影响因素。
② 了解金属塑性成形基本方法、特点、工艺过程及相关设备。
③ 初步掌握自由锻和模锻的基本工序，能绘制简单的锻件工艺图。
④ 初步掌握典型模锻件的模锻过程及工艺规程，能绘制简单的锻件图。
⑤ 熟悉板料冲压的特点、基本工序及应用。
⑥ 初步具有分析中小形零件锻造和冲压结构工艺性的能力，对典型锻件具有较合理地选用锻造方法的能力。
⑦ 了解精密锻造、零件轧制和精密冲压等加工方法。
⑧ 了解锻压新工艺、新技术及其发展趋势。

8.2 重难点分析及学习指导

8.2.1 重难点分析

金属塑性成形在机械制造业中占有重要的地位，是制造承载零件毛坯的重要方法之一。由于金属塑性成形件具有：

① 力学性能高，金属铸锭经塑性变形能使组织致密，获得细晶粒结构，并能压合铸造组织的内部缺陷，因而，锻压件相对于同材料铸件而言力学性能高；

② 节省材料，由于提高了金属的力学性能，材料单位利用率提高，且相对于切削加工金属消耗小；

③ 生产率高，如轧制、模锻、冲压等；

④ 板料冲压特别适合于板料件成形，一般可直接获得合格零件或产品等优点。因此，对于承载零件的毛坯一般多采用锻件，而对于板料成形，冲压工艺又特别适用，所以金属塑性成形，尤其是锻压成形在工业生产中占有重要地位。

同样，和金属液态成形一样，对于金属塑性成形工艺而言，讨论的重点不外乎常见材料的成形性能、成形方法及成形工艺设计这三个方面。对于本章而言学习的重点有：

① 金属锻造性的含义及其影响因素；
② 自由锻的特点和应用范围，工艺过程，结构工艺性，锻件图及工艺设计；

③ 模锻的特点、方法和应用范围,锤上模锻工艺过程,结构工艺性,模锻件图及工艺设计;

④ 板料冲压的特点和应用范围,基本工序的变形特点和用途,结构工艺性。

本章学习的难点为:模锻方法的选择,自由锻件和模锻件锻造工序的制定与结构工艺性。

8.2.2 学习指导

本章全面介绍了锻压工艺和设备的基本知识。在学习中,应紧紧围绕本章的学习要求,把握主要内容,并应注重这些知识的综合应用。对于次要内容,如设备结构等知识,仅需做概括性的了解即可。为了学好本章内容,一方面要联系金工实习中获得的感性知识,另一方面要结合"机械工程材料"中金属塑性变形原理来理解锻压工艺过程涉及的相关知识。

本章内容本身并没有太难理解的知识点。在学习过程中,只要注重梳理相关知识,并进行归纳总结,达到学习要求应该不成太大问题。难在结合具体情况,对上述知识的综合应用。首先将重点介绍本章的一些基础知识,然后围绕模锻方法的选择及锻压内应力两个内容阐释其运用。

8.2.2.1 金属锻造性

金属的锻造性是指金属锻造成形的难易程度,常用塑性和变形抗力两个指标来衡量。塑性越好,变形抗力越小,则金属的锻造性能越好。锻造性能是金属材料重要的工艺性能,其好坏关系到锻件的质量,影响锻压性能的主要因素是金属的本质(化学成分、组织结构)和变形条件(变形温度、变形速度、应力状态等)。

8.2.2.2 锻造工序的制定

自由锻件与模锻件的生产需要综合地利用相应的各种锻造工序,制定正确的工序顺序。锻件要采用什么工序,选择怎样的顺序,需要根据锻件的形状、尺寸和重量以及所采用的坯料等来决定。一个锻件可能有几种不同的锻造工艺过程,但要基于具体生产实际,选择最合理的一种工艺过程,从而保证较高的锻件质量,高的生产率,简单安全的操作、低的能耗和成本等。

8.2.2.3 锻件结构工艺性

锻件结构工艺性主要是考虑什么样的结构容易优质高产地锻造出来。通常,锻造方法不同,对零件结构工艺性的要求也不同。例如自由锻与模锻对于锻件结构工艺性的要求就不同,这与他们的生产特点有关。关于不同锻造方法的锻件结构工艺性可以采用"图表归纳法"进行学习,表 8-1 和 8-2 分别列出了自由锻件和模锻件的结构工艺性供学习时参考。

表 8-1 自由锻件的结构工艺性

结构工艺性要求	不合理	合理
应避免锥体和斜面结构		

续表

结构工艺性要求	不合理	合理
应避免加强筋、凸台、椭圆形或工字形截面等复杂结构	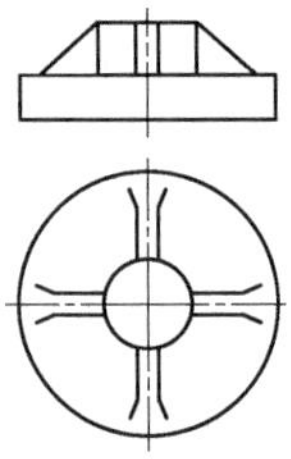	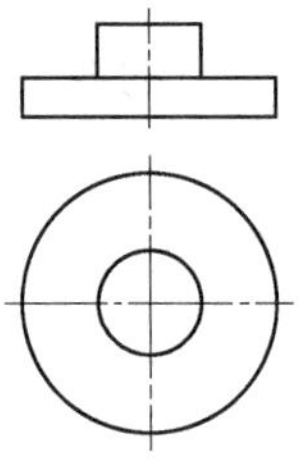
应避免圆柱面与圆柱面相交	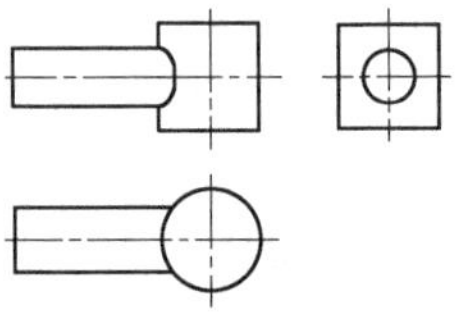	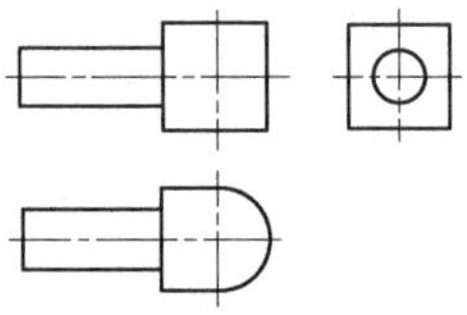
应避免横截面尺寸急剧变化和形状复杂,在此情况下可采用组合结构	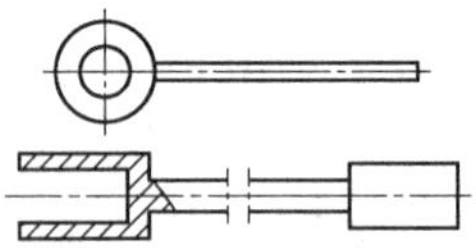	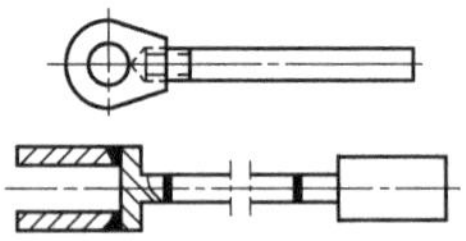

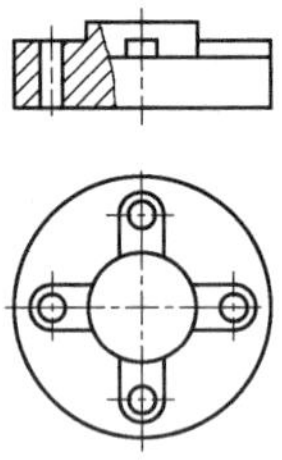

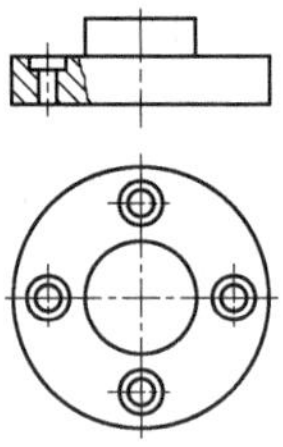

表 8-2　模锻件的结构工艺性

结构工艺性要求	不合理	合理
模锻件必须有一个合理的分模面,使锻件"浅而宽",从而有利于坯料充满模膛,也能够保证锻件从锻模中顺利取出	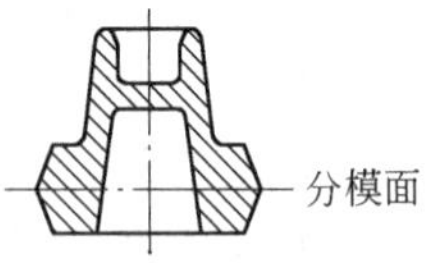	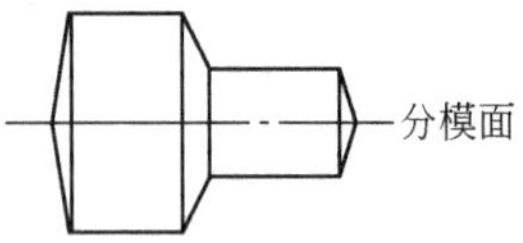
应有适当的模锻斜度和截面形状,便于脱模	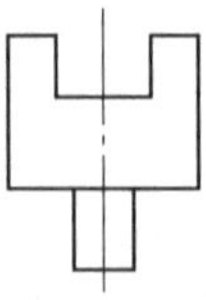	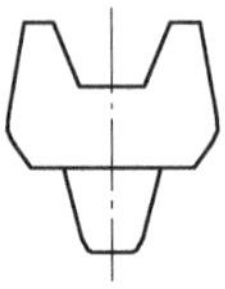
应有适当的圆角半径,有利于金属充满模膛,便于起模和提高锻模寿命	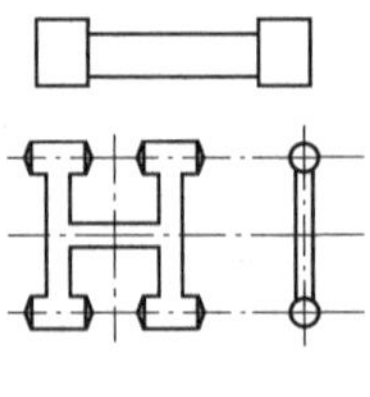	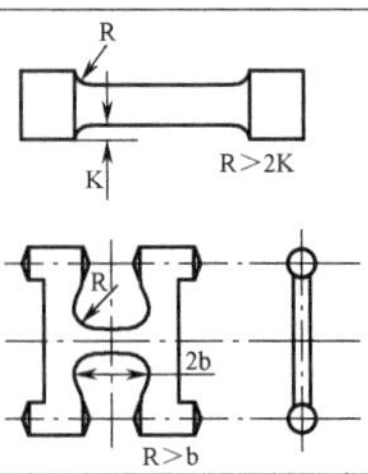

续表

结构工艺性要求	不合理	合理
应尽量具有对称结构,利于简化模具的设计与制造		
不宜在锻件上设计出过高、过窄的肋板或过薄辐板,简化模具制造,提高模具寿命		

8.2.2.4 模锻方法的选择

采用不同的模锻设备,就有不同的模锻方法。除锤上模锻外,还有胎膜锻、曲柄压力机上模锻、摩擦压力机上模锻、平锻机上模锻等模锻方法。与锤上模锻比较,这些模锻方法都有各自的特点。关于各种模锻方法的特点可以采用"图表归纳法"进行学习,表8-3列出了常用模锻方法的特点和应用,供学习时参考。

表 8-3　常用模锻方法的特点和应用

锻造方法		锻造力性质	设备费用	工模具特点	锻件精度	生产率	劳动条件	锻件尺寸形状特征	适用批量
胎模锻		冲击力	较低	模具较简单、模具不固定在锤上	中	中	差	形状较简单的中小件	中、小批量
模锻	锤上	冲击力	较高	整体式模具、无导向及顶出装置	较高	较高	差	各种形状的中小件	大、中批量
	曲柄压力机上	压力	高	装配式模具、有导向及顶出装置	高	高	较好	同上,但不能对杆类件进行拔长和滚挤加工	大批量
	平锻机上	压力	高	装配式模具,由一个凸模与两个凹模组成、有两个分模面	高	高	较好	有头的杆件及有孔件	大批量
	摩擦压力机上	介于冲击力与压力之间	较低	单模膛模具,下模常有顶出装置	高	较高	较好	各种形状的小锻件	中等批量

在现代生产中,同一锻件往往可以采用各种模锻方法来成形。在选择模锻方法时,必须避免盲目追求所谓技术上的"先进性",应结合具体的生产条件,并要看到生产条件的变化和发展。如胎膜锻,它的先进性似乎比其他模锻方法差,但模具简单、制造周期短、且可以

充分利用自由锻设备,对于中小批锻件生产,采用胎膜锻往往能获得很好的经济效果,因此在这种情况下更为适用。

一般选择模锻方法的主要依据如下。

① 锻件的年产量　一般说,胎膜锻适合中小批生产,摩擦压力机模锻适合中批生产,锤上、曲柄压力机和平锻机适合大批量生产。

② 锻件的形状和尺寸　因锤上、曲柄压力机只能采用具有一个分模面的锻模,故不能锻出通孔锻件,只能锻出带冲孔连皮的各种盘类锻件和长轴类锻件。而平锻模有两个分模面,故平锻机主要用于锻造带杆的局部镦粗和带孔的锻件。

③ 模锻方法选择的根本原则　是在满足获得完整锻件的前提下,取得良好的经济效果。

2.2.2.5　锻压内应力

在锻压加工过程中,金属坯料内总是伴随有内应力的产生。内应力是坯料内一种拉、压应力相互平衡的应力,它既降低金属的可锻性,又是坯料开裂的原因之一。在学习过程中,对各种内应力的概念不能混淆,应区分不同的应力,采取不同的工艺措施来减小其危害。

一般内应力产生的原因主要有以下几点。

① 变形前坯料内原有的内应力。例如,钢锭在浇注冷却过程中和在热轧的钢材中都会产生残余内应力。这种内应力可以采用退火消除。

② 坯料在加热过程中,由于加热温度不均匀而产生的热应力。

③ 因变形不均匀而产生的内应力。变形不均匀是难以避免的。如金属镦粗时的变形就是不均匀的。从整体上看,圆柱体金属镦粗后侧面形成鼓肚。这是因为圆柱体的两个端面在变形时分别同上、下砧铁接触,产生了较大的摩擦力阻止金属流动,故属于难变形区,而圆柱体的中间部分没有受到摩擦力的作用,属于易变形区,金属流动快,所以在中间形成了鼓肚。这样使得在圆柱体的中部外廓部分就形成切向拉应力,若该应力过大,就会引起坯料开裂。

8.3 典型习题例解

【例 8-1】　试比较如图 8-1 (a) 所示齿轮坯锻件的分模方案,并确定最佳分模面。

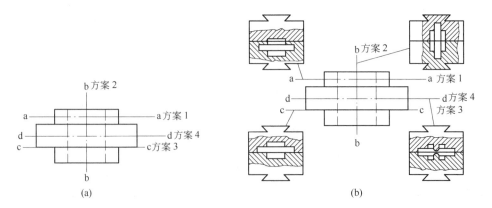

图 8-1　齿轮坯锻件分型方案

分析　根据分模面选择原则:①要保证模锻件能从模腔中取出;②分模面尽可能使沿分模面的上、下模的模腔外形一致,以减少错模倾向;③"浅而宽",以方便成形;④应使零件上所加的敷料最小；⑤最好使分模面为一平面。如图 8-1（b）所示，方案 a 不满足原则①，方案 b 不满足原则③，方案 c 不满足原则②，只有方案 d 合理。

解题/答案要点　综合分析宜选择方案 d。

【**例 8-2**】　如图 8-2 所示齿轮零件图，年产 10 万件。采用锤上模锻生产，试改进零件上不合理的结构？

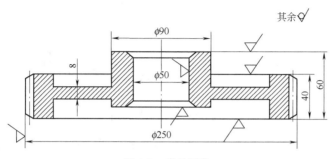

图 8-2　齿轮零件

分析　这是一道考查锻件结构工艺性的题目。分析该零件，存在以下几个方面问题：缺少锻造圆角、模锻斜度，且中间的连接壁也仅为 8，不易充满模腔。

解题/答案要点　在垂直于分模面的不加工表面直壁处增加模锻斜度，直角部位增加锻造圆角，适当增大中间连接壁的厚度。如图 8-3 所示。

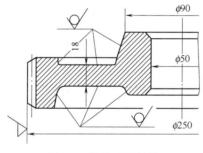

图 8-3　齿轮改进结构

【**例 8-3**】　图 8-4 中所示零件（自左至右分别为锻件 1、2 和 3）若分别进行单件、小批量、大批量生产时，应选择哪种方法锻造成形？

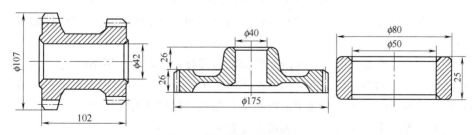

图 8-4　零件锻造方法的选择

分析　这是一道考查锻件成形方法选择的题目。选择成形方法要考虑锻件大小、形状和其生产批量等因素，可参考表 8-3。

解题/答案要点　单件生产时均可采用自由锻；小批量生产时均可采用胎膜锻；大批量生产时锻件 1 最好选用平锻机上锻造，锻件 2 和 3 选用锤上模锻。

【**例 8-4**】　定性地画出图 8-5 所示阶梯轴零件自由锻件图。

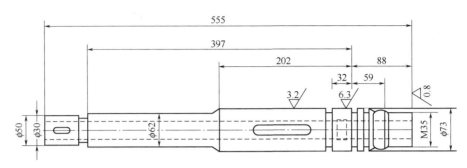

图 8-5　阶梯轴零件图

分析　这是一道考查锻造工艺设计过程中绘制锻件图的题目。绘制自由锻件图时，一般要考虑敷料、加工余量和锻件公差。在进行自由锻造工艺设计时，为了简化锻件的形状以便于进行自由锻造而增加的这部分材料，称作敷料。如本题中的键槽、退刀槽、台阶等处均需增加敷料，这是本题考查的主要内容。

解题/答案要点　图 8-5 所示阶梯轴零件自由锻件简图，如图 8-6 所示。

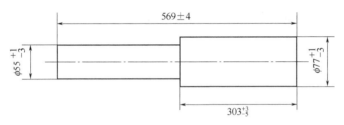

图 8-6　阶梯轴锻件简图

8.4　本章自测题

1. 是非题

（1）塑性是金属固有的一种属性，它不随压力加工方式的变化而变化。（　　）
（2）金属的塑性越好，变形抗力越大，金属的锻造性越好。（　　）
（3）自由锻是单件小批生产锻件最经济的方法，也是生产重型、大型锻件的唯一方法。（　　）
（4）敷料和加工余量都是在零件图上增加出的部分，但两者作用不同。（　　）
（5）胎膜锻最常用的设备是空气锤、摩擦压力机、蒸汽-空气自由锻锤。（　　）
（6）锤上模锻用的终锻模腔和预锻模腔形状相近，但后者有飞边槽。（　　）
（7）模锻深度与宽度比值越大，模锻斜度越大。（　　）
（8）落料用的凸模和凹模间隙越小，则落料件精度越高，但模具容易磨损。（　　）
（9）板料弯曲后，两边所夹的角度越小，则说明弯曲部分的变形越严重。（　　）
（10）摩擦压力机适合小型锻件的批量生产。（　　）

2. 选择题

(1) 某种合金的塑性较低，但又要用压力加工方法成形。此时，以选用（　　）方法效果最好。
　　A. 轧制　　　　B. 拉拔　　　　C. 挤压　　　　D. 自由锻造

(2) 有一批大型锻件，因晶粒粗大，不符合质量要求。经技术人员分析，产生问题的原因是（　　）。
　　A. 始锻温度过高　　B. 终锻温度过高　　C. 始锻温度过低　　D. 终锻温度过低

(3) 用下列方法生产的钢齿轮中，使用寿命最长，强度最好的为（　　）。
　　A. 精密铸造齿轮　　　　　　　　　B. 利用厚板切削的齿轮
　　C. 利用圆钢直接加工的齿轮　　　　D. 锻造齿坯加工的齿轮

(4) 镦粗、拔长、冲孔工序属于（　　）。
　　A. 精整工序　　B. 基本工序　　C. 模锻工序　　D. 辅助工序

(5) 平锻机上模锻所使用的锻模有两个分模面，适合锻造（　　）。
　　A. 连杆类零件　　B. 无孔盘类锻件　　C. 带头部杆类锻件　　D. A 和 C

(6) 锤上模锻时，锻件最终成形是在（　　）中完成的。
　　A. 终锻模膛　　B. 滚压模膛　　C. 弯曲模膛　　D. 预锻模膛

(7) 厚度为 1mm 直径为 350mm 的钢板经拉深制成直径为 150mm 的杯形冲压件。由手册中查得材料的极限拉深系数 $m_1=0.6$，$m_2=0.8$，$m_3=0.82$，$m_4=0.85$，该件至少要经过（　　）拉深才能制成。
　　A. 一次　　　　B. 二次　　　　C. 三次　　　　D. 四次

(8) 设计冲孔凸模时，其凸模刃口尺寸应该是（　　）。
　　A. 冲孔件的尺寸　　　　　　　　B. 冲孔件的尺寸＋2 倍单侧间隙
　　C. 冲孔件的尺寸－2 倍单侧间隙　　D. 冲孔件的尺寸－单侧间隙

(9) 带通孔的锻件，模锻时孔内留下的一层金属称为（　　）。
　　A. 毛刺　　　　B. 飞边　　　　C. 敷料　　　　D. 连皮

(10) 弯制 V 形件时，模具角度和工作角度相比（　　）。
　　A. 增加一个回弹角　　　　　　　B. 减小一个回弹角
　　C. 不需考虑回弹角　　　　　　　D. 减小一个收缩量

3. 填空题

(1) 碳素钢在锻造温度范围内锻造性良好的原因是　　　　　　　　。

(2) 冷变形和热变形的界限是　　　　　　　　。

(3) 压力加工中　　　　　　　　等三种常用于原材料生产，而　　　　　　　　常用于成形件生产。

(4) 终锻模膛周围飞边槽的作用是　　　　　　　　和　　　　　　　　。

(5) 模锻件与自由锻件相比主要优点为：
　　1) ＿＿＿＿＿＿＿＿＿＿＿＿＿＿＿；2) ＿＿＿＿＿＿＿＿＿＿＿＿＿＿＿；
　　3) ＿＿＿＿＿＿＿＿＿＿＿＿＿＿＿；4) ＿＿＿＿＿＿＿＿＿＿＿＿＿＿＿。

(6) 板料冲压的基本工序有　　　　　　　　和　　　　　　　　。

(7) 冲孔和落料的根本区别在于　　　　　　　　。

(8) 拉深时用_____来衡量变形程度，该值一般取_____，若太小则可采用_____方法。

(9) 常见的胎膜有_____。

(10) 常见冲压模一般分为_____、_____、_____三种。

4. 简答题

(1) 分析比较加工余量和锻造公差的区别。

(2) 如图 8-7 所示零件，采用自由锻制坯，试改进零件结构不合理之处。

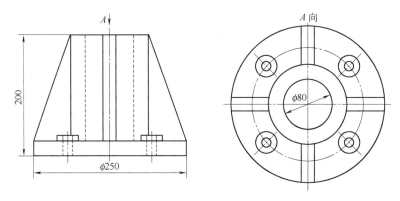

图 8-7 自由锻制坯结构工艺性

(3) 举例说明锻压生产中如何合理地利用锻造流线。

(4) 拉深时为什么会起皱和拉裂？如何避免？

9. 材料焊接成形

9.1 学习内容与学习要求

9.1.1 学习内容

焊接成形的原理、分类和特点，熔焊接头的组织与性能，焊接应力与变形，金属的焊接性，焊接缺陷；熔焊、压焊和钎焊等焊接成形方法原理、设备、特点及应用，焊接成形方法选择；焊接成形金属件的工艺设计；焊接成形技术的新进展简介。

9.1.2 学习要求

① 初步掌握焊接成形原理及特点。
② 熟悉焊接冶金过程和加热过程及其对焊接接头组织性能的影响。
③ 理解焊接应力与变形的形成及防止。
④ 初步掌握常用焊接方法的特点，具有合理选用焊接方法及相关焊接材料的初步能力。
⑤ 了解金属的焊接性能，熟悉常用金属的焊接特点。
⑥ 熟悉常用焊接接头形式和坡口形式，确定焊缝布置的主要原则，具有分析焊件结构工艺性的初步能力。
⑦ 了解焊接新工艺、新技术及其发展趋势。

9.2 重难点分析及学习指导

9.2.1 重难点分析

金属焊接成形是目前应用极为广泛的材料冶金连接方法。它具有：
① 节省材料，能有效减轻结构重量；
② 接头密封性好，可承受高压；
③ 加工与装配工序简单，可缩短加工周期；
④ 易于实现机械化和自动化生产等优点。因此，焊接成形在工业生产中占有重要地位。和金属液态成形和金属塑性成形工艺一样，焊接成形讨论的重点内容也包括常见材料的成形性能、成形方法及成形工艺设计三个方面。对于本章而言学习的重点有：
① 熔焊焊接接头的组织与性能。
② 焊接应力与变形的形成及防止。
③ 常用焊接方法的特点和应用范围。
④ 焊接结构工艺性。
本章学习的难点为：焊接方法的选择，焊接结构工艺性。

9.2.2 学习指导

本章全面介绍了焊接成形的基本知识。在学习方法上应把握以下两个方面：第一，要与实际紧密联系。在学习之前，尽可能全面复习整理金工实习中所获得的感性知识；在学习过程中,有条件的话还可以再回到实习现场去参观,这样有利于加深理解所学知识;第二,在学习过程中,应不断地进行联系、综合和分析比较,比如,比较焊接件与铸件或锻件各有什么特点,什么样的零件适合采用焊接,什么样的零件适合采用铸造,什么样的零件适合采用锻造;再如,一个具体零件应该采用什么焊接方法,为什么采用这种方法而不采用那种方法等。

本章内容本身并没有太难理解的知识点。在学习过程中,只要注重梳理相关知识,并进行归纳总结,达到学习要求应该不成太大问题。难在结合具体情况,对上述知识的综合应用,尤其是以焊接方法的选择最为突出。此外,焊接应力和变形是焊接工艺中的关键问题,涉及到焊接件的设计与成形、缺陷分析与质量控制等众多方面,在学习过程中应给予足够的重视。

9.2.2.1 焊接方法的选择

焊接成形方法的选择应充分考虑材料的焊接性、焊件厚度、生产批量及产品质量要求等要素,并结合各种焊接方法的特点和应用范围来确定。焊接成形方法选择的基本原则是:在保证产品质量的前提下,优先选择常用焊接方法,生产批量较大时还需考虑提高生产率和降低生产成本。焊接成形方法选择的基本方法是类比法,即要熟悉各种焊接方法的特点和应用范围,尤其是常用的焊接方法,然后根据具体要求如施焊材料等,结合工程上类似情况进行选择。

关于焊接方法的选择可以采用"图表归纳法"进行学习,表9-1列出了常用焊接方法的特点和应用范围,表9-2列出了常用金属材料在不同焊接方法下的焊接性。

表9-1 常用焊接方法的特点和应用范围

焊接方法	焊接热源	熔池保护	热影响区	焊接质量	焊接材料	生产率	成本	适用范围		
								空间位置	厚度/mm	金属种类
手弧焊	电弧	气-渣	小	好	焊条	一般	低	全位置	范围宽	钢
埋弧焊	电弧	气-渣	较宽	好	焊丝	高	低	平焊	大	钢
氩弧焊	电弧	保护气体	较窄	好	焊丝	一般	高	全位置	小	有色金属
CO_2焊	电弧	保护气体	窄	好	焊丝	高	低	全位置	小	钢
电渣焊	电阻热	渣	宽	一般	焊丝	高	低	单一	大	钢
等离子弧焊	等离子焰	保护气体	窄	好	焊丝	高	高	全位置	小	有色金属
电子束焊	电子束	真空	窄	好	无	高	高	全位置	小	各种金属
激光焊	激光束	真空	窄	好	焊丝	高	高	全位置	小	各种金属

9.2.2.2 焊接应力和变形

焊接应力和变形是伴随着焊接过程必然出现的一个工艺问题,它与焊接的产品质量密切相关,也是进行焊接设计所需考虑的一个重点问题。

表 9-2 常用金属材料在不同焊接方法下的焊接性

金属材料	手弧焊	埋弧焊	CO_2 保护焊	氩弧焊	电渣焊	点焊缝焊	对焊	摩擦焊	钎焊
低碳钢	A	A	A	A	A	A	A	A	A
中碳钢	A	B	B	A	A	B	A	A	A
低合金钢	A	A	A	A	A	A	A	A	A
不锈钢	A	A	A	B	A	A	A	B	A
耐热钢	A	B	C	A	D	B	C	D	A
铸钢	A	A	A	A	A	（—）	B	B	B
铸铁	B	C	C	B	B	（—）	D	D	D
铜及铜合金	B	C	C	A	D	D	D	A	A
铝及铝合金	C	C	D	A	D	A	A	B	C
钛及钛合金	D	D	D	A	D	B~C	C	D	B

注：A—焊接性良好；B—焊接性较好；C—焊接性较差；D—焊接性不好；（—）—很少采用

焊接应力和变形的问题与铸造应力和变形十分相近，可借助前面关于铸造应力和变形的讨论来理解焊接应力和变形的问题。铸造中，由于壁厚不均匀引起厚大部分后冷、薄壁部分先冷，从而产生内应力；焊接中，焊缝区热量集中后冷、远离焊缝区先冷，从而形成内应力。两者基本原理一样，引起的应力状态也一致，即后冷受拉，先冷受压，如图 9-1 所示。

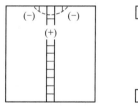
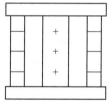

图 9-1 焊接应力和铸造应力

防止和消除焊接变形的措施主要从以下几个方面考虑：
① 焊接过程上，焊接预热、焊中锤击、焊后热处理；
② 焊缝设计上，尽量避免焊缝交叉集中，截面和形状尽可能小，对称布置焊缝；
③ 合理选择焊接顺序，一般遵循"先短后长，先中间后两边"，对称焊接；
④ 采用反变形或刚性固定法；
⑤ 采用火焰或机械矫正减小焊接变形。

9.3 典型习题例解

【例 9-1】 试分析图 9-2 所示 T 形梁焊接时可能出现的变形方向及热校正时的加热位置（在图上标出），并说明在工艺上防止变形所采取的措施。

分析 根据焊接应力和变形规律，可知近焊缝区受拉，远离焊缝区受压，同时焊缝位置偏心，从而导致 T 形梁产生上翘变形。

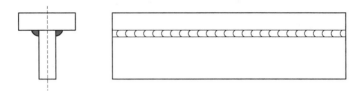

图 9-2　T 形梁焊接构件

解题/答案要点

① 变形方向及热校正时加热位置如图 9-3 所示。

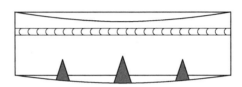

图 9-3　变形方向及热校正时加热位置

② 将板板焊接改为 T 形钢和板焊接，采用反变形或刚性固定法，长焊缝采取"退焊法"以及焊接预热、焊中锤击、焊后热处理等。

【例 9-2】 如图 9-4 所示拼焊大块钢板是否合理？如不合理请改进之。为了减小焊接应力与变形，合理的焊接顺序是什么？

分析　这是一道考查焊接件结构工艺性和焊接顺序的题目。分析该零件，突出问题是焊缝交叉集中，因此在焊缝布置上要尽量减少交叉集中现象。为了减小焊接应力与变形，焊接顺序应考虑："先短后长，先中间后两边"和对称焊接。

解题/答案要点　拼焊大块钢板不合理，结构改进及焊接顺序如图 9-5 所示。

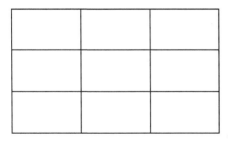

图 9-4　拼焊大钢板

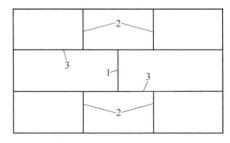

图 9-5　结构改进及焊接顺序

【例 9-3】 用 20 钢冷拔型材制成的某构件，由于使用不当而断裂，现用手弧焊修复。焊接时，焊接接头横截面上各部分所达最高温度如图 9-6 所示。试在图上绘制焊接热影响区的分布情况。（注：20 钢的再结晶温度为 540℃）

分析　这是一道考查焊接热影响区基本概念的题目。本题 20 钢，属于低碳钢。对于低碳钢而言，焊接热影响区一般包括过热区、正火区、部分相变区和再结晶区。其中，过热区的加热温度，在固相线至 1100℃ 之间；正火区的加热温度，在 1100℃ 至 A_{c3} 之间；部分相变区的加热温度，在 $A_{c3} \sim A_{c1}$ 之间；再结晶区的加热温度，在 $A_{c1} \sim$ 450℃ 之间。

解题/答案要点　焊接热影响区的分布情况如图 9-7 所示。

【例 9-4】 试为表 9-3 所列产品选择合适的焊接方法。

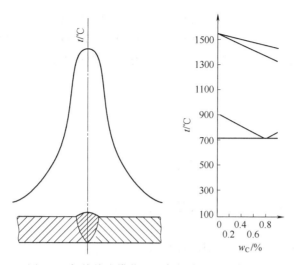

图 9-6　焊接接头横截面上各部分所达最高温度

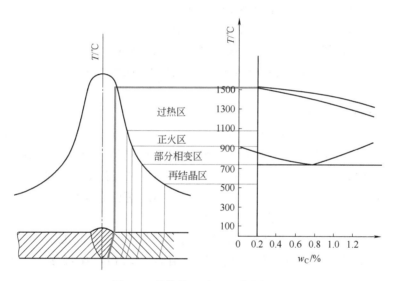

图 9-7　焊接热影响区的分布情况

表 9-3　焊接方法的选择

焊接产品	所用材料	生产批量	选用方法
液化石油气瓶体	Q345C	成批生产	
汽车油箱	铝合金	大量生产	
焊接车刀	刀体：45 刀片：硬质合金	成批生产	
重型机械 60mm 钢板构件	Q235A	单件小批生产	
减速器箱体	35	单件小批生产	

分析　这是一道关于焊接方法选择的题目。焊接方法的选择应充分考虑材料焊接性、焊件厚度、生产批量及产品质量要求等要素，并结合各种焊接方法的特点和应用范围来确定。选择时，可参见表 9-1 和表 9-2。

解题/答案要点　液化石油气瓶体，多采用冲压成形，其焊缝为环形或长直焊缝，可选埋弧自动焊；铝合金汽车油箱，属于有色金属焊接，且要求密封性好，故可选氩弧焊；焊接车刀，属于异种材料连接，一般选择硬钎焊；重型机械钢构件，其板厚较厚已达 60mm，适宜选择电渣焊；减速箱箱体，材料为 35 钢，批量为单件小批，故选择手工电弧焊较为合适。

9.4 本章自测题

1. 是非题

(1) 氩弧焊主要适合于低碳钢的焊接。（　　）
(2) 手工电弧焊时，为提高生产率，应采用尽可能大的电流。（　　）
(3) 埋弧自动焊最适于全位置、批量焊接长、直焊缝及大直径环形焊缝。（　　）
(4) 焊接电弧的本质是气体在高温下燃烧。（　　）
(5) 钢的碳当量相同，材料的焊接性相近。（　　）
(6) 直流正接时焊件的温度高，适合焊接厚板。（　　）
(7) 焊接结构钢时焊条的选用原则是焊缝成分与焊件成分一致。（　　）
(8) 点焊、缝焊时，焊件的厚度基本不受限制。（　　）
(9) 硬钎焊与软钎焊的主要划分依据是钎料熔点的高低。（　　）
(10) 低碳钢和强度等级较低的低合金钢是焊接构件的主要用材。（　　）

2. 选择题

(1) 钎焊接头的主要缺点是（　　）。
  A. 焊接变形大　　　B. 热影响区大　　　C. 应力大　　　D. 强度低
(2) 大批量生产汽车储油箱，要求生产率高，焊接质量好，经济，应该选用（　　）。
  A. 手弧焊　　　　　　　　　　　B. 二氧化碳气体保护焊
  C. 气焊　　　　　　　　　　　　D. 埋弧自动焊
(3) 酸性焊条应用比较广泛的原因之一是（　　）。
  A. 焊缝成型好　B. 焊接接头抗裂性好　C. 焊缝含 H 量低　D. 焊接电弧稳定
(4) 对于低碳钢和低强度级普通低合金钢焊接结构，焊接接头的破坏常常出现在（　　）。
  A. 母材　　　　　B. 焊缝　　　　　C. 热影响区　　　D. 再结晶区
(5) 二氧化碳气体保护焊适宜焊接的材料是（　　）。
  A. 铝合金　　　　B. 低碳钢　　　　C. 不锈钢　　　　D. 铸铁
(6) 在生产中，减小焊接应力和变形的有效方法是焊件预热，这是因为（　　）。
  A. 焊缝和周围金属的温差增大而胀缩较均匀
  B. 焊缝和周围金属的温差减小而胀缩较均匀
  C. 焊缝和周围金属的温差增大而胀缩不均匀
  D. 焊缝和周围金属的温差减小而胀缩不均匀
(7) 焊补小型薄壁铸件的最适宜的焊接方法是（　　）。
  A. 电弧焊　　　　B. 电渣焊　　　　C. 埋弧焊　　　　D. 气焊
(8) 有一零件用黄铜及碳钢两种材料制成，分别加工成形后进行连接，可采用（　　）。
  A. 氩弧焊　　　　　　　　　　　B. 二氧化碳气体保护焊
  C. 电阻焊　　　　　　　　　　　D. 钎焊

(9) 焊接时通过焊渣对被焊区域进行保护以防止空气有害影响的焊接方法是（　　）。
　　A. 电弧焊　　　　B. 电渣焊　　　　C. 埋弧焊　　　　D. 氩弧焊
(10) 焊接时在被焊工件的结合处产生（　　），使两分离的工件连为一体。
　　A. 机械力　　　　B. 原子间结合力　　C. 黏结力　　　　D. A、B和C

3. 填空题

(1) 低碳钢焊接接头以_____区和_____区对接头性能的影响最为严重。

(2) 45钢、20钢及T8钢中焊接性最好的是_____。

(3) 焊接时开坡口的目的是_____和_____。

(4) _____是焊接变形与应力产生的根本原因，近焊缝处常受__应力，远离焊缝处常受__应力。

(5) 为下列焊接结构件选择合理的焊接方法：
1) 5mm钢板短焊缝对接_____；
2) 1mm钢板不密封对接_____；
3) 10mm圆钢对接_____；
4) 50mm钢板对接_____。

(6) 按焊接过程的实质，可将焊接分为_____、_____和_____。

(7) 埋弧焊的生产率比手弧焊高，这是因为_____。

(8) 减小焊接应力的有效措施是_____，消除焊接应力的有效方法是_____。

(9) 氩弧焊质量比较高的主要原因是_____。

(10) 常见焊接接头包括_____四种。

4. 简答题

(1) 熔焊焊缝冶金过程对焊接质量有何影响？试说明其原因。

(2) 如图9-8所示焊接件，试改进零件结构不合理之处。

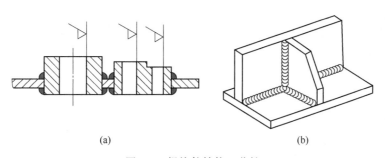

图9-8　焊接件结构工艺性

（3）比较如图 9-9 所示的焊接件，试说明采用不同的焊接顺序对焊接变形的影响。

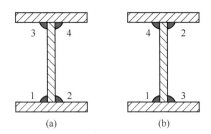

图 9-9 焊接件焊接顺序的选择

（4）试比较对焊和摩擦焊的基本原理和应用范围。

10. 非金属材料的成形

10.1 学习内容与学习要求

10.1.1 学习内容

工程中所涉及各种非金属材料的成形,主要包括工程塑料的成形、橡胶的成形、陶瓷材料的成形和复合材料的成形。

10.1.2 学习要求

① 熟悉工程塑料常用的成形方法,掌握其成形原理、工艺流程、工艺条件,了解其成形加工所需设备的特点和主要的设备参数,了解各种成形方法所适应的生产领域。

② 掌握橡胶的成形加工原理,了解其常用成形加工方法及应用领域。

③ 了解粉末冶金技术和工程陶瓷成形工艺的粉体成形原理、粉体制备技术、工艺过程、工艺特点及其适用领域。

④ 了解复合材料的常用制备工艺及适用领域

10.2 重难点分析及学习指导

10.2.1 重难点分析

材料的内在性质,通过选材即可达到。然而,加工过程中产生的附加性质,如形状、结构和微观形态上的变化等使材料性质发生显著的变化,对制品性能产生极为重要的影响。这一点,对于非金属材料尤为突出。非金属材料品种多,成形工艺繁杂,但并非所有成形工艺都在机械制造领域广泛应用,应结合机械工程的实际有选择地进行学习;同时,要注意到非金属材料成形技术在近年来进入了高速发展时期,各种新工艺不断涌现,要注重与时俱进。

本章学习的重点是非金属材料成形工艺及其应用,难点内容是非金属材料成形方法的选择。

10.2.2 学习指导

本章系统的介绍了非金属材料的成形,包括工程塑料、橡胶、陶瓷和复合材料等,所侧重的是工程技术而不是理论,属于实用技术性内容,类似于驾驶技术、切削加工技术等。在学习本章内容的过程中,要抓住一条主线:材料的结构、性能——材料的成形方法——制品的应用。这条主线要从两个方面来进行把握:一是,联系前述"机械工程材料"课程所学的非金属材料的结构和性质,以此为基础来学习相应材料的成形方法,材料的性能直接影响其成形方法的选择和工艺流程的制定;二是,成形方法的选择和工艺的制定,以对最终产品的规格要求为决定性的前提,广泛联系生产生活中的非金属制品来研究非金属材料的成形,力求做到能够学以致用。本章学习内容基于课堂教学内容,但又不局限于课堂教学内容,学生可依据自身兴趣深入相关的内容学习,理论联系实际,在全面掌握课程所要求知识的基础上提升灵活地独立思考、自主学习的能力。

以下仅就本章所涉及的高分子材料成形的相关内容进行解释。

高分子材料成形的实质是将已有的高分子材料转变成实际的生活制品或结构器件的工程技术。聚合物成形通常包括两个主要过程：一是原料发生变形或熔化流动，取得所需形状；二是形状的稳定保持。

工程塑料的成形性能受温度影响显著，一般在黏流态进行成形加工。常用的工程塑料成形方法有注塑成形、挤出成形、压制成形、吹塑成形和真空成形等方法。工程塑料成形方法的选择，一般以样品为依据，从以下几方面来考虑：制品的形状、大小、厚薄等，原料的工艺性能，产品的产量和质量要求。除此，还要兼顾成形设备要简单、劳动强度要小、劳动条件要好并且保障良好的经济效益等等。在学习这部分内容时，对于成形设备，只要了解基本结构特点和作用过程以及主要设备参数即可，而不必苛求对设备的详细了解和使用。"纸上得来终觉浅，绝知此事要躬行"。因此，要在课堂之外尽量创造实践机会。工程塑料成形加工制品覆盖多个领域：汽车行业中塑料件的制造，如汽车内饰、涂装；电气行业，如电源外壳、内插件等；建筑行业，如塑料门窗、各种管道；另外，塑料的成形加工制品也占有了玩具和小商品行业的较大份额等。可见，实践机会几乎遍布人们的日常生活，只要处处留心可谓处处均为实践的舞台。

橡胶的成形加工的主要过程为：生胶——塑炼和混炼——硫化成形——后处理。除生胶和硫化处理外，橡胶的塑炼也是一个重要的橡胶加工过程。塑性（可塑性）是指橡胶在发生变形后，不能恢复其原来状态，或者说保持其变形状态的性质，由此，塑炼是指通过机械应力、热、氧或加入某些化学试剂等方式，使橡胶由强韧的高弹性状态转变为柔软的塑性状态的过程。塑炼的目的是减小橡胶的弹性、提高可塑性；降低黏度；改善流动性；提高胶料溶解性和成形黏着性。塑炼原理如下：生胶的分子量与可塑性有着密切的关系。分子量越小，可塑性就越大。生胶经过机械塑炼后，分子量降低，黏度下降，可塑性增大。由此可见，生胶在塑炼过程中，可塑性的提高是通过分子量的降低来实现的。

10.3 典型习题例解

【例 10-1】 图 10-1 为耐酸离心泵结构简图。它主要由泵体、叶轮、后座体和冷却夹套及机械端面密封所组成，其进/出口径为 75mm/65mm，流量为 20m³/h，转速为 2900r/min，功率为 3kW，要求输送 100℃ 以下的任意浓度的无机酸、碱、盐溶液。试选择各部件材料及成形工艺。

分析 从题目所给出的条件来看，各部件材料最主要的性能要求是很高的耐蚀性。材料选定后，很容易根据零件的形状特点、生产批量确定成形工艺。

解题/答案要点

① 泵体采用聚四氟乙烯注塑成形。聚四氟乙烯具有优良的耐腐蚀性，尤其是输送氢氟酸时，其耐腐蚀性为一般不锈钢或玻璃钢所不及，泵体形状复杂，故采用注塑成形。

② 叶轮采用聚四氟乙烯注塑成形与金属联轴节连接。

③ 后座体和冷却水夹套因形状复杂而采用耐蚀合金铸铁铸造成形，与酸接触的部分，内衬采用聚四氟乙烯注塑成形。

④ 端面密封件除要求耐蚀外还要求耐磨，故采用陶瓷和聚四氟乙烯材料，分别采用陶瓷模压及塑料压制加烧结成形来制造。

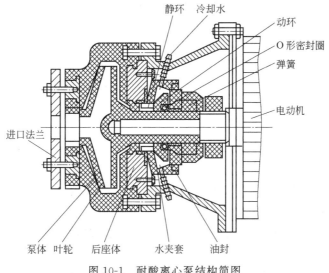

图 10-1 耐酸离心泵结构简图

【例 10-2】 简述聚合物基复合材料传递模塑（resin transfer molding，RTM）成型方法。

分析 本题所涉及内容在教材中未曾出现，其目的在于希望学生能够基于教材但又不拘于教材，通过多种途径如文献、书籍或网络来获取相关知识，从而就自己感兴趣的相关内容对教材及课堂进行有益的探索和补充。

解题/答案要点 聚合物基复合材料传递模塑成型工艺（tesin transfer moulding）简称 RTM，是一种闭模成型工艺。成型时，先在模具的型腔中预先放置增强体，如玻璃纤维、碳纤维等，闭模锁紧后，在一定的温度和压力下将配好的树脂胶液，从注入孔处注入模腔，浸透增强材料并充满型腔。树脂注射完毕后，经过固化反应、启模、脱模制成最终产品。RTM 成型方法有以下特点：①材料选择的机动性强，可充分发挥复合材料性能的可设计性，增强材料预成型体可以是短切毡、连续纤维毡或纤维布等，并可根据设计需求，按制品受力状况铺放增强材料；②闭模树脂注入方式可极大减少树脂有害成分的挥发，从而避免对人体和环境的毒害；③RTM 的注射压力低，有利于制备大尺寸、外形复杂、两面光洁的整体结构，并且不需后处理制品；④成型效率高、投资少以及易实现自动化生产，使用增强材料预成型技术，一经完成纤维树脂的浸润即可固化。RTM 工艺的以上特点使其日益为复合材料行业所重视，并逐步成为取代手糊成型、喷射成型的主导成型工艺之一。

10.4 本章自测题

1. 是非题

（1）塑料注射成形是热固性塑料成形的主要加工方法。（   ）
（2）橡胶压制成形工艺的关键是控制模压硫化过程。（   ）
（3）金属材料的各种切削加工方法都可广泛应用于陶瓷材料的加工。（   ）
（4）金属材料的各种成形工艺大多适用于颗粒、晶须及短纤维增强的金属基复合材料，包括压力铸造、熔模铸造、离心铸造、挤压、轧制、模锻等。（   ）
（5）ABS 是热固性塑料，大多采用压制成形的方法。（   ）

(6) 一般情况下，材料的复合过程与制品的成形过程同时完成，所以材料的生产过程也就是其制品的成形过程。（　　）

(7) 塑料的可加工性与其力学状态无关。（　　）

(8) 塑料成型对可模塑性的要求为能够密实的充满模具型腔。（　　）

(9) 塑料在成型或加工时会放出有毒性、刺激性或腐蚀性的气体。（　　）

(10) 粉末冶金方法的特点是材料制备与成形一体化。（　　）

2. 选择题

(1) 塑料（　　）成形是热固性塑料成形的主要加工方法。
　　A. 模压　　　　B. 烧结　　　　C. 注射　　　　D. 手糊

(2) 塑料在一定的温度与压力下填充模具形腔的能力主要与其（　　）有关。
　　A. 收缩性　　　B. 结晶性　　　C. 热敏性　　　D. 流动性

(3) 对于大型厚胎、薄壁、形状复杂不规则的陶瓷制品适于（　　）成形制造。
　　A. 压制　　　　B. 注浆　　　　C. 挤压　　　　D. 手糊

(4) 经（　　）和炭黑增强后，橡胶的抗拉强度大大提高，并具有良好的耐磨性。
　　A. 热处理　　　B. 硫化处理　　C. 氧化处理　　D. 时效处理

(5) 下面（　　）不属于复合材料的成形方法。
　　A. 注射成形　　B. 层压成形　　C. 手糊成形　　D. 模压成形

(6) 下列不属于塑料的成型性能的是（　　）。
　　A. 流动性　　　B. 收缩性　　　C. 延展性　　　D. 吸湿性

(7) 已知某塑料材料的玻璃化转变温度为 T_g，则其最适宜机械加工的温度为（　　）。
　　A. 小于 T_g　　B. 大于 T_g　　C. 等于 T_g　　D. 与 T_g 无关

(8) 粉末冶金工艺中，粉末的性能不包括（　　）。
　　A. 粒度和粒度分布　B. 颗粒的形态　C. 粉料的流动性　D. 硬度

(9) 下列不同类型的复合材料的成型温度最低的是（　　）。
　　A. 金属基复合材料　B. 聚合物基复合材料
　　C. 陶瓷基复合材料　D. 无法确定

(10) 与手糊法相比，喷射成型方法的优点是（　　）。
　　A. 生产效率提高　B. 劳动强度降低　C. 制品无搭接缝　D. 场地污染小

3. 填空题

(1) 热固性塑料在成形过程中，由于高聚物发生交联反应，分子将由线型结构变为_____结构。

(2) 在成形过程中，除少数工艺外，都要求塑料处于_____态成形，因为在这种状态下，塑料聚合物呈熔融的流体，易于流变成形；所要求的温度必须_____塑料的玻璃化转变温度。

(3) 塑料注射成形的工艺条件主要有_____、_____和_____等。

(4) 橡胶制品的成形方法与塑料成形方法相似，主要有_____、_____和_____等。

(5) 新型陶瓷制品的生产过程主要包括配料与_____、_____及后续加工等工序。

(6) 塑料只有在_____或_____态下才具有可挤压性。

(7) 可模塑性实质上是考察_____与_____间的适应关系。

（8）评价塑料的可延展性的方法是测定其_____。

（9）收缩率是塑料的成型加工和_____的重要参数。

（10）____是挤出机的核心设备，按其分类挤出机可分为_____、_____和多螺杆挤出机。

4．简答题

（1）冰箱塑料内胆、可口可乐塑料瓶、塑料脸盆、塑料变形金刚玩具等制品，应采用什么成形方法？

（2）分析压制成型和传递成型两种热固性塑料成形工艺的主要异同点？

（3）简述玻璃钢的组成及其性能特点。

（4）简述热塑性塑料注射成型过程。

材料成形基础自测题参考答案

第7章 金属液态成形（铸造）

1. 是非题

(1) √；(2) ×；(3) √；(4) ×；(5) √；(6) √；(7) ×；(8) ×；(9) √；(10) √。

2. 选择题

(1) B；(2) C；(3) D；(4) A；(5) C；(6) D；(7) A；(8) C；(9) B；(10) A。

3. 填空题

(1) 螺旋形，浇不足，冷隔；

(2) 逐层，糊状；

(3) 热，机械；

(4) 手工造型和机器造型；

(5) 横浇道，内浇道；

(6) 从凝固终止温度到室温间，线收缩率；

(7) 热量集中部位，内切圆法，等温线法；

(8) 热裂，冷裂；

(9) 加工余量、铸孔、起模斜度、铸造圆角、收缩率、型芯尺寸及芯头；

(10) 设计时壁厚均匀，同时凝固。

4. 简答题

(1) 答：熔融金属充满型腔，形成轮廓清晰、尺寸精确的铸件的能力叫做液态合金的充型能力。影响液态合金的充型能力的因素有两个，一是合金的流动性；二是外界条件，包括铸型条件、浇注条件和铸件结构等。

(2) 答：图7-9中左图中零件应使其壁厚均匀，右图中零件下方存在内凹不利于造型。改进后的结构如下图所示。

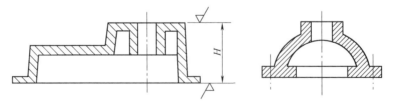

(3) 答：缝纫机头，砂型铸造；汽轮机叶片，熔模铸造；水暖器片，金属型铸造；汽车喇叭，压力铸造。

(4) 答：参见本章学习指导部分中（3）相关内容。

第8章 金属塑性成形（锻压）

1. 是非题

(1) ×；(2) ×；(3) √；(4) √；(5) ×；(6) ×；(7) √；(8) √；(9) √；(10) √。

2. 选择题

(1) C；(2) A；(3) D；(4) B；(5) D；(6) A；(7) C；(8) A；(9) D；(10) B。

3. 填空题

(1) 塑性提高、强度下降；

(2) 再结晶温度；

(3) 轧制、拉拔和挤压，自由锻、模锻和冲压；

(4) 增加金属阻力，贮存多余金属；

(5) 生产率高，尺寸精确，可锻造形状复杂零件，敷料少；

(6) 分离工序，成形工序；

(7) 落下的部分是工件还是废料；

(8) 拉深系数，0.5～0.8，多次拉深；

(9) 扣模、筒模和合模；

(10) 简单模，连续模，复合模。

4. 简答题

(1) 答：如下图所示，加工余量是指在零件表面上增加的供切削加工去除的余量，零件尺寸和加工余量之和组成锻件的基本尺寸；锻造公差则是允许锻件实际尺寸的最大变动量，一般以锻件基本尺寸为中心对称布置。

(2) 答：肋板和凸台结构不利于自由锻造成形。改进方案为：在去除肋板的同时，为保证强度和刚度可适当增加圆筒壁厚；此外，将凸台结构改为沉头孔结构，在自由锻中不成形留待切削加工成形。

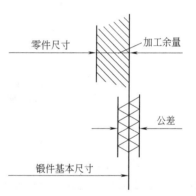

(3) 答：锻造流线使金属性能呈现异向性；沿着流线方向（纵向）抗拉强度较高，而垂直于流线方向（横向）抗拉强度较低。生产中若能利用流线组织纵向强度高的特点，使锻件中的流线组织连续分布并且与其受拉力方向一致，则会显著提高零件的承载能力。例如，吊钩采用弯曲工序成形时，就能使流线方向与吊钩受力方向一致，从而可提高吊钩承受拉伸载荷的能力。

(4) 答：拉深时起皱和拉裂是由拉深过程中产生的应力引起的，当法兰处的切向压应力达到一定数值时，法兰部分便会失稳而发生起皱现象；当筒壁与筒底的过渡部分即"危险断面"内应力达到该处材料的抗拉强度时，就会导致拉裂现象产生。

避免起皱现象，往往可采用增加压边圈的方法来解决；避免拉裂现象，可以从圆角半径、凸凹模间隙、拉深系数、润滑等方面加以控制。

第9章 材料焊接成形

1. 是非题

(1) ×；(2) √；(3) ×；(4) √；(5) √；(6) √；(7) ×；(8) ×；(9) √；(10) √。

2. 选择题

(1) D；(2) D；(3) A；(4) C；(5) B；(6) B；(7) A；(8) C；(9) B；(10) B。

3. 填空题

(1) 熔合，过热；

(2) 20 钢；

(3) 保证焊透，调整母材成分；

(4) 焊件收缩受阻，拉，压；

(5) 手弧焊，点焊，对焊，电渣焊；

(6) 熔焊，压焊，钎焊；

(7) 焊接电流大、焊接速度高；

(8) 焊前预热，焊后热处理；

(9) 氩气保护效果好；

(10) 对接、搭接、角接和 T 形接。

4. 简答题

(1) 答：熔焊焊缝冶金过程中不加注意或保护，会导致合金元素的烧损或形成有害杂质，化学成分不均匀，且易产生气孔或夹渣，影响焊接质量。原因：①冶金反应温度高；②冶金过程短，焊接熔池小；③冶金条件差。

(2) 答：图 9-8 中，左图应避开加工表面且不便施焊，可适当延长连接板；右图应避免焊缝集中，可在焊缝集中处切一小口，改进后的结构如下图所示。

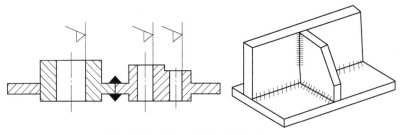

(3) 答：图 9-9 中右图对称焊接有利于减小焊接变形。

(4) 答：对焊是利用电阻热将焊件断面对接焊合的一种电阻焊，摩擦焊是两焊件旋转并加压产生摩擦热，实现焊件断面对接焊合的一种压焊方法。对焊主要用于制造封闭形零件、轧制材料接长和异种材料件对接，摩擦焊则广泛用于圆形工件、棒料管子的对接。

第 10 章 非金属材料成形

1. 是非题

(1) ×；(2) √；(3) ×；(4) √；(5) ×；(6) √；(7) ×；(8) √；(9) √；(10) ×。

2. 选择题

(1) A；(2) D；(3) B；(4) B；(5) A；(6) C；(7) A；(8) D；(9) B；(10) D。

3. 填空题

(1) 网状结构（体型结构）；

(2) 黏流态，高于；

(3) 温度，压力，时间；

(4) 压制成形，注射成型，挤出成型；

(5) 坯料成形，烧结；

(6) 熔体，浓溶液；

(7) 塑料，模具

(8) 拉伸比；

(9) 模具设计；

(10) 螺杆，单螺杆挤出机，双螺杆挤出机。

4. 简答题

（1）答：冰箱塑料内胆：真空成型；可口可乐塑料瓶：吹塑成型；塑料脸盆和变形金刚玩具：注射成型。

（2）答：压制成型和传递成型两种热固性塑料成形工艺的主要异同点如下表所示。

比较项目	压制成型	传递成型
原料塑化位置	模具型腔中塑化	加料室内塑化
设备和模具	设备和模具结构简单	设备和模具结构复杂
适用性	可生产大、中、小型制品。	形状复杂、带有精细嵌件的塑料制品

（3）答：玻璃钢是玻璃纤维增强树脂基复合材料，其基体为树脂、增强体为玻璃纤维，具有强度高、密度小（约为钢的 1/4）、耐腐蚀、绝缘性好、机械加工性能好、绝热性好、加工性能好等。

（4）答：热塑性塑料注射成型过程为：将材料在料筒中加热，呈现流动状态后，在柱塞或螺杆的加压推动下向前移动，通过料筒的喷嘴，以很快的速度注入温度较低的闭合模具内，经一定时间的冷却定型后，开启模具即可得到制品。

第三部分　课堂讨论及设计型实验指导

随着教学改革的深入，为了使学生在校期间获得坚实的基础理论知识和扩大知识领域，相应地加强了与专业相关的基础课和专业主干课，并要求学生选修一定学分的选修课。在总学时固定的情况下，本课程虽然是工科专业的主要技术基础课之一，但是其教学时数仍被不同程度地缩减，这门课程就产生了内容多和学时少、理论性强和实践要求高等一系列的矛盾。解决这一矛盾的有效方法之一是开展课堂讨论及进行设计型实验，这有利于充分调动教师和学生双方的积极性，使教与学活跃起来，使学生由被动变主动，从而经历"接收（听课）→分析（课堂讨论）→实践（课程实验）→总结（作业）→提高（设计型实验）"这一系统的学习过程。

"工程材料及成形基础"课程分为工程材料和材料成形两部分，按每部分至少进行一次课堂讨论及设计型实验的要求，本书相应设计了材料选择及应用和毛坯成形方法选择两个专题。其中，材料选择及应用专题讨论的主要目的在于通过对典型零件服役条件的分析讨论，使学生能够合理地选择材料和设计相应的热处理工艺；毛坯成形方法选择专题讨论的主要目的是通过对典型零件的材质和结构的分析讨论，使学生能够合理地选择毛坯成形方法。

11. 材料的选择及应用专题

11.1　课堂讨论相关指导

材料选择的一般原则是：在满足零件使用性能的前提下，寻求使用性能、工艺性能和经济性能的统一。零件的使用性能，是选择材料的主要依据。这里的使用性能，主要指零件使用过程中对材料的力学性能、物理性能和化学性能的要求。通常情况下，一般以力学性能为主要要求。

选择材料的一般过程（思路）为：通过对零件进行工作条件分析，结合实际零件常见的失效形式以确定其机器零件最关键的性能要求，作为正确选材的依据，然后按照"条件筛选法"和"特征分析法"进行选材。所谓条件筛选法，就是根据已知条件，从给出的材料中依次向下选择，直到满足已知条件为止；所谓特征分析件法，就是找出已知条件中的性能特征（关键条件），再以关键条件为主，适当考虑其他条件，在给出的材料中或常用材料中进行选择。表11-1为典型零件的工作条件、主要损坏形式及主要力学性能指标，表11-2为零件主要失效形式、原因和解决方法。

表 11-1 典型零件的工作条件、主要损坏形式及主要力学性能指标

零件名称	工作条件	主要损坏形式	主要力学性能指标
螺栓	交变拉应力	过量塑性变形或疲劳而造成的破裂	屈服强度,疲劳强度,HB
传动齿轮	交变弯曲应力,交变接触压应力,齿面受滑动的滑动摩擦、冲击载荷	轮齿的折断,过度磨损,疲劳麻点	疲劳强度,抗拉强度,HRC
传动轴	交变弯曲应力,扭转应力、冲击载荷,滑动摩擦	疲劳破裂,过度磨损	屈服强度,疲劳强度,HRC
弹簧	交变应力,振动	弹力丧失或疲劳断裂	弹性极限,屈强比,疲劳强度
滚动轴承	点或线接触下的交变压力,滚动摩擦	过度磨损,疲劳断裂	抗拉强度,疲劳强度,HRC

表 11-2 零件主要失效形式、原因和解决方法

零件失效形式	原因	主要力学性能指标	解决方法
塑性变形	屈服强度低	屈服强度	选用高强度材料,采用强化工艺,增加承载面积
韧性断裂			
低应力断裂	韧性不足	冲击韧性	提高材料质量,减小应力集中,提高材料的综合力学性能
疲劳断裂	交变应力,应力集中,材料缺陷	疲劳强度,屈服强度	结构设计避免应力集中,表面强化,选择高韧性材料
磨损	硬度不足	HRC,接触疲劳强度	提高材料硬度,提高表面质量,改善润滑条件,选择合适的匹配材料

此外,轴、齿轮这两大类典型零件的选材可总结为:承受一定载荷的齿轮类零件的用材大体上可划分为两类:机床类齿轮,承受一定载荷,主要要求较高疲劳强度与耐磨性,足够的冲击韧度及良好切削加工性等,一般可选用调质钢,经调质(或正火)+表面强化(高频处理或氮化等);另一类是以汽车、拖拉机变速齿轮为代表,适用于中高速、重载,特别是承受较大冲击载荷作用的情况,一般可选渗碳钢,经渗碳+淬火+低温回火处理。对于轴类零件的选材,在兼顾强韧性的同时,提高局部轴颈等处的疲劳抗力、耐磨性等,一般可用调质钢经调质、局部表面淬火+低温回火;当承受冲击载荷不大时可选用球墨铸铁代钢,用以制造内燃机、汽车、拖拉机的曲轴等。

11.2 典型讨论题示例

【例 11-1】 C6136 机床变速箱齿轮(该齿轮尺寸不大,其厚度为 15mm)工作时转速较高,性能要求如下:齿的表面硬度 50~56HRC,齿心部硬度 22~25HRC,整体强度 $R_m(\sigma_b)=760~800$MPa,整体韧性 $\alpha_k=40~60$J/cm^2。

请从下列材料中进行合理选用,并制订其工艺流程:35、45、T12、20CrMnTi、38CrMoAl、0Cr18Ni9Ti、W18Cr4V。

分析/讨论要点 普通车床中的变速箱齿轮,是主传动系统中传递动力的齿轮。因此,要求有一定的强度、轮齿的心部有一定的硬度和韧性。这种齿轮在工作中转速较高,齿表面要求有较高的硬度以保证耐磨性。但同汽车、拖拉机变速齿轮相比,一般机床齿轮工作时相对比较平稳,承受冲击负荷很小,传递的动力也不很大。所以上述要求都不是太高,例如齿表面硬度只要求 50~56HRC。显然,不需要采用化学热处理(如渗碳)。整体的强度、韧性

由调质可以达到。因此，选用淬透性适当的调质钢经调质处理后，再经高频表面淬火和低温回火即可达到要求。这种齿轮的尺寸不大，尤其是厚度甚小（15mm），可选用优质碳素结构钢，水淬即可使截面大部分淬透，回火后基本上能满足性能要求。因此，从所给钢种中选择 45 钢制造合适。

要做到正确、合理地选材，必须遵循选材的三项基本原则。即首先应考虑满足材料的力学性能原则，在此前提下充分兼顾材料的工艺性能原则，还要同时考虑材料的经济性原则。本题经常出现的错误是选用 20CrMnTi 或 38CrMoAl 钢制造大材小用，不符合经济性原则。

选用 45 钢制造，较为合适。

其加工工艺路线为：下料→锻造→正火（840～860℃空冷）→机加工→调质（840～860℃水淬，500～550℃回火）→精加工→高频表面淬火（880～900℃水冷）→低温回火（200℃回火）→精磨。

【例 11-2】 有一载重汽车变速箱齿轮，使用中承受一定冲击，负载较重，齿表面要求耐磨，硬度为 58～63HRC，齿心部硬度 33～45HRC，其余力学性能要求为：R_m（σ_b）≥1000MPa，σ_{-1}≥440MPa，α_k≥95J/cm^2。试从"例 1"所给材料中选择制造该齿轮的合适钢种，制订工艺流程，分析每步热处理的目的及其组织。

分析/讨论要点 由题意可知，此载重汽车变速箱齿轮在工作时负荷较重，每个齿受交变弯矩的作用，因此要有高的强度和高的疲劳强度。齿轮还受到较大的冲击，故要求有高的冲击韧度。齿面为防止磨损，要求具有高硬度和高耐磨性（58～63HRC）。每个齿除承受较大的弯矩外，齿表面还承受较大的压力。因此不仅要求齿表面硬度高、耐磨，还要求齿的心部具有一定的强度和硬度（33～45HRC）。根据以上分析，可知该汽车齿轮的工作条件比机床齿轮要求苛刻，因此在耐磨性、疲劳强度、心部强度和冲击韧度等方面的要求均比机床齿轮要高。从例 11-1 所列钢种中，调质钢 45 钢不能满足使用要求（表面硬度只能达 50～56HRC）。38CrMoAl 为氮化钢，氮化层较薄，适合应用于转速快、压力小、不受冲击的使用条件，故其不适合做此汽车齿轮。渗碳钢 20CrMnTi 经渗碳热处理后，齿表面可获得高硬度（58～63HRC）、高耐磨性。由于该钢淬透性好，齿心部可获得强韧结合的组织，具有较高的冲击韧度，故可满足使用要求。因此该载重汽车变速箱齿轮选用 20CrMnTi 钢制造。

制造该齿轮的适宜钢种为 20CrMnTi，其加工工艺路线为：

下料→锻造→正火（950～970℃空冷）→机加工→渗碳（920～950℃渗碳 6～8 小时）→预冷淬火（须冷至 870～880℃油冷）→低温回火→喷丸→磨齿。

其中每一步热处理的目的及相应组织为：

正火：细化、均匀组织，改善锻造后组织，提高其切削加工性。经正火后的组织为 F＋S。

渗碳：表面获得高碳，保证经淬火后得到高硬度、高耐磨性。渗碳温度下对应的组织为 A＋K（碳化物）。

预冷淬火，齿表面获得高硬度、高耐磨性，其对应的组织为高碳 M＋K＋A_R；齿心部强、韧结合，对应的组织为低碳 M＋F＋T。

再经低温回火后，减少淬火应力、稳定组织，其相应组织为：表面 $M_{回}$＋K＋A_R，心部 $M_{回}$＋F＋T。

11.3 可选讨论题

在如下材料中为下述零件选择合适的材料,并设计其简明工艺路线(重点选择热处理工艺):35、45、20CrMnTi、38CrMoA1A、0Cr18Ni9Ti、T12、W18Cr4V

① C6136 机床变速箱齿轮工作转速较高,性能要求:齿的表面硬度 50~56HRC,齿心部硬度 32~25HRC,整体强度 R_m (σ_b) = 760~800MPa,整体韧性 α_k = 40~60J/cm²。

② 手工丝锥。

11.4 设计型实验

(1) 实验名称　材料的热处理工艺设计。

(2) 实验目的　通过对经不同的热处理工艺处理后的拉伸试样进行的拉伸试验、金相分析和断口分析获得钢的热处理、组织、性能之间关系的知识,为正确选材、用材打好基础。

(3) 实验原理　钢的性能主要决定于钢的成分和组织。碳及合金元素的加入改变钢的化学成分,而组织的改变则要通过热处理工艺。常用的热处理工艺包括退火、正火、淬火及回火,其基本过程为加热、保温及冷却三个基本工艺参数,正确选择这三者的规范是热处理质量的基本保证。

(4) 实验设备及材料　实验设备:箱式电阻加热炉或管式电阻加热炉及控温仪表;万能材料试验机、硬度试验机;砂轮机、试样切割机、抛光机;金相显微镜、数码相机;扫描电镜;卧式车床、车床夹具(顶尖、三爪自定心卡盘等)、外圆车刀;钢直尺、游标卡尺。实验材料:ϕ18mm45 钢热轧棒料。

(5) 实验方法

① 实验前认真复习教材相关内容,仔细阅读各实验设备或仪器的操作(使用)说明书。

② 每班分为 6~9 个小组,3~5 人为一组。每组(不重复)选定表 3 中一种最终热处理工艺(不足 9 组时选择 2~6 项工艺)。根据该最终热处理工艺,小组成员讨论制定试样加工工艺路线。

③ 确定试样具体的预备热处理、特别是最终热处理工艺参数(加热温度、保温时间、冷却方式与冷却介质等);确定试样的车削加工过程。

④ 领取待实验材料,自己动手,独立进行实验操作(包括试样截取、热处理工艺操作、车削加工等),每人加工出一个符合如图 11-1 所示的拉伸试样。

⑤ 测定实验材料试样热处理前后的硬度及最终热处理后的强度及塑性指标,结果填入表 3 中。

⑥ 制备金相试样;每种热处理工艺同步处理 ϕ10mm×10mm 金相试样一个。人手一个试样,独立进行制备金相试样,完成从粗磨→精磨→抛光→腐蚀的全过程。

⑦ 在金相显微镜下观察自己所处理试样的显微组织特征并拍摄金相照片。同时,观察其他学生制备的金相试样的显微组织特征。在观察试样的显微组织特征时,要注意密切联系铁碳相图及相应的 CCT 或 C 曲线。分析不同热处理条件下应具有的组织特征。

⑧ 观察拉伸试样断口宏观及微观特征。

⑨ 实验可以分期进行。

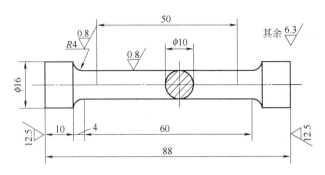

图 11-1 拉伸试样零件图

(6) 实验报告要求

① 实验目的，使用设备、材料及操作过程。

② 正确填写表 11-3 所列各试样的工艺参数、组织特征、硬度值以及拉伸试验结果等。拉伸试验结果除自己加工的试样外，其余取各小组所有试样的平均值。

③ 结合所学理论知识，对实验结果进行分析（重点分析自己加工的试样的试验结果），说明热处理规范选取的依据并分析实验结果并得出一普遍性结论。

表 11-3 实验结果记录表

试样加工工艺路线	试样预备热处理				试样最终热处理				拉伸试验结果				
	工艺名称	工艺参数	组织	硬度	工艺名称	工艺参数	组织	硬度	R_{eL} 或 $R_{r0.2}$ /N·mm^{-2}	R_{eH} /N·mm^{-2}	R_m /N·mm^{-2}	Z /%	A /%
					热轧								
					退火								
					正火								
					淬火								
					淬火＋低温回火								
					淬火＋中温回火								
					淬火＋高温回火								
					两相区淬火								
					两相区淬火＋高温回火								

12. 毛坯成形方法选择专题

12.1 课堂讨论相关指导

12.1.1 常见的毛坯成形方法的特点和性能

金属液态成形（铸造） 对于形状比较复杂，尤其是有复杂的内腔结构，强度要求不高，且主要承受压力的零件的毛坯，选择铸造成形比较合适。这是因为：①铸造工艺的适应性强，不受形状、尺寸、重量和材料等的限制；②生产成本较低，工艺准备简单且周期短；③特种铸造大大延拓了金属液态成形的应用范围；④铸件具有较好的承压减震耐磨性能；⑤金属液态成形的铸件组织属于铸造组织，力学性能较同材料的锻件差。其典型应用主要集中在箱体类零件，如机床床身、立柱、箱体和各种阀体等。

锻造成形 锻造由于受材料性能的影响和自身工艺的限制，一般不适合用作复杂形状的零件毛坯的生产，但其最突出的优点是组织细密、力学性能优良，能够承受较大的载荷，是受力元件最佳的毛坯制造方法。所以，对于承受较大载荷的零件如各种轴、齿轮等都适合选择锻造成形。

冲压成形 冲压成形主要应用于薄壁零件的成形，一般要求冲压用材料塑性要好，如低碳钢、工程塑料等。

焊接成形 焊接最大优点在于能够化大为小，化复杂为简单，所以焊接件多用于金属结构件如桥梁、支架、飞机汽车外壳等、组合件及零件的修补等。

此外，在机械制造中型材和标准件的使用也很多，一方面，型材和标准件通常由专业厂家生产，质量稳定；另一方面，相对自己组织生产而言，经济性要好，同时一般不需要再进行加工就可以直接使用，大大缩短了生产周期。所以，在选择中能够应用型材和标准件尽可能地使用。

12.1.2 常见零件的分类及所用毛坯成形方法

根据零件的结构特点，零件一般可以分为轴类、套类、盘类和箱体类四大类。

轴类零件 轴类零件一般为回转体零件，其 $L/D \gg 1$，即长度和直径的比值较大，主要用作传递运动和动力的，属于受力零件。通常采用锻造成形，对于要求不高或结构比较复杂的情况下也可以选择型材或铸造成形。

套类零件 套类零件一般也为回转体零件，其 $L/D = 1$，即长度和直径相同或相近，主要用作支承或导向作用，属于薄壁形零件，容易变形。通常采用型材（热轧圆钢、无缝钢管等），也可以用铸造成形或锻造成形。

盘类零件 盘类零件一般也为回转体零件，其 $L/D < 1$，常见的零件有齿轮、飞轮、法兰盘等，由于此类零件应用场合差异较大，所以采用的毛坯成形方法也不同，如齿轮属于受力元件，选择锻造成形；而飞轮属于蓄能元件，采用铸造成形。因此，该类零件要视具体情况而定。

箱体类零件 该类零件一般形状比较复杂，多数有复杂的内腔结构，且通常作为基础部件，主要承受压力，同时有减震耐磨要求，所以一般都选择铸造成形，有时也可以采用焊接成形。

12.1.3 毛坯成形方法选择的原则和一般过程（思路）

毛坯成形方法选择的原则与材料选择的原则基本相同，即在满足零件使用性能的前提下,寻求使用性能、工艺性能和经济性能的统一。事实上,这也是工程的一般理念。

毛坯成形方法选择的一般过程(思路)通常包括:①将机械(机器或部件)拆分成基本单元,即单个的零件;②了解零件所属类型,结构特点和技术要求;③明确零件的生产类型;④合理选择毛坯所用材料;⑤合理选择毛坯成形生产方法;⑥制定出毛坯生产规范。选择过程,也可运用"条件筛选法"和"特征分析法"。

12.2 典型讨论题示例

【例】 图12-1为小型汽油发动机结构简图。其主要支承件是缸体和缸盖。缸体内有汽缸,缸内有活塞(其上带活塞环及活塞销)、连杆、曲轴及轴承;缸体的右侧面有凸轮轴,背面有离合器壳、飞轮(图中未示出)等;缸体底部为油底壳;缸盖顶部有进、排气门、挺杆、摇臂,右上部为配电器,左上部为化油器及火花塞。试为该小型汽油发动机各主要零件选定合适的材料及成形工艺。

分析 这是一道考查材料选用及各种成形方法综合运用的题目,可能涉及教材所述的几乎全部成形工艺。从题目所给出的条件来看,各部件材料所要求的主要性能各不相同,需根据各零件的服役条件确定其性能要求,从而选定材料,再根据零件的形状特点、生产批量确定成形工艺。

讨论/解题要点 发动机工作时,首先由配电系统控制化油器及火花塞点火,汽缸内的可燃气体燃烧膨胀,产生很大的压力,使活塞下行,借助连杆将活塞的往复直线运动,转变为曲轴的回转运动;并通过曲轴上的飞轮储蓄能量,使其转动平稳连续;再通过离合器及齿轮传动机构,用发动机的动力驱动汽车行驶。发动机中的凸轮轴、挺杆、摇臂系统用来控制进、排气门的开闭,周期性地实现进

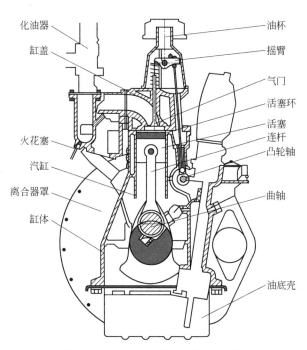

图12-1 小型汽油发动机结构简图

气、点火燃烧、膨胀、活塞下行推动曲轴回转、活塞上升、排气等步骤,连续不断地进行循环工作。故各主要零件的选材及成形方案如下。

(1) 缸体、缸盖 为形状复杂件,其内腔尤为复杂,且为基础支承件,有吸振性的要求,同时汽车多为批量生产,故选用HT200或HT250材料,并选用机器造型、砂型铸造成形工艺。

如果是用在摩托车、快艇或飞机上的发动机缸体、缸盖,由于要求其质量小,则常选用铸造铝合金材料,并根据批量及耐压要求,可选用压铸或低压铸造成形工艺。

(2) 曲轴、连杆、凸轮轴 目前,多采用珠光体球墨铸铁材料,可采用机器造型、砂型铸造工艺,对于小型的曲轴、连杆及凸轮轴,当毛坯尺寸精度要求更高时,可选用球墨铸铁壳形

铸造或熔模铸造成形；当力学性能要求较高、受冲击负荷较大时，也可采用 45 钢模锻成形。

（3）活塞　目前，最普遍的成形工艺是铸造铝合金金属型铸造成形，船用大型柴油发动机的活塞常采用铝合金低压铸造成形，以达到较高的内部致密度和力学性能。

（4）活塞环　是箍套在活塞外侧的环槽中、并与汽缸内壁直接接触、进行滑动摩擦的环形薄片零件。要求其有良好的减摩和自润滑特性，并应承受活塞头部点火燃烧所产生的高温和高压，一般多采用经过孕育处理的孕育铸铁 HT250 或低合金铸铁及机器造型、砂型铸造工艺。在一些无油润滑工作条件下的活塞环可用自润滑性能良好的聚四氟乙烯塑料进行压制及烧结成形。

（5）摇臂　承受频繁地摇摆及点击气门挺杆的作用力，应有一定的力学性能。并且与挺杆接触的头部要求耐磨，同时摇臂除孔进行机械加工外，其外形基本不加工，故对毛坯的形状和尺寸精度要求较高，因此选用铸造碳钢精密铸造成形。

（6）离合器壳及油底壳　均系薄壁件。油底壳受力要求低，但要求铸造性能好，可采用普通灰铸铁，而离合器壳多选用孕育铸铁或铁素体球铁，它们均用机器造型、砂型铸造工艺成形。当要求其质量小时，可用铸造铝合金为材料，压力铸造和低压铸造工艺成形，还可用薄钢板冲压成形。

（7）飞轮　承受较大的转动惯量，应有足够的强度，一般采用孕育铸铁或球墨铸铁，用机器造型、砂型铸造工艺成形。但对于高速发动机（如轿车上的发动机）的飞轮，因其转速高，则需选用 45 钢为材料，用闭式模锻工艺成形。

（8）进、排气门　工作温度不高，一般用 40Cr 钢为材料，而排气门则在 600℃ 以上的高温下持续工作，多用含氮的耐热钢制造。其成形工艺，一般用冷轧杆径圆钢进行电镦头部法兰、并用模锻终锻成形的工艺为主，而用热轧粗圆钢进行热挤压成形的工艺在技术上更先进。

（9）曲轴轴承及连杆轴承　均属滑动轴承，多采用减摩性能优良的铸造铜合金（如 ZCuSn5Pb5Zn5 等）为材料，用离心铸造或真空吸铸等工艺成形，或采用铝基合金轧制成轴瓦。

（10）化油器　是形状十分复杂的薄壁件，铸造后无须进行切削加工就直接使用；因此对毛坯的精度要求高，多采用铸造铝合金为材料，用压力铸造成形。

12.3　可选讨论题

如图 12-2 所示零件：小型千斤顶，成批生产。千斤顶由托杯、手柄、螺母、螺杆、支座和螺钉垫圈等组成，其中螺钉垫圈属于标准件，可以通过外购，请选择其他零件采用的毛坯成形方法。

12.4　设计型实验

针对学生熟悉的一个机械零件（最好是日常生活用品），如手锤锤头、电风扇扇叶、垫片或螺母等，要求以小组为单位，采用不同的成形方法（毛坯）实现制造，并拟定出详细地实验方案。条件成熟情况下，尽可能付于实施。

制定具体实验方案时，可参考材料选择及应用相关内容。

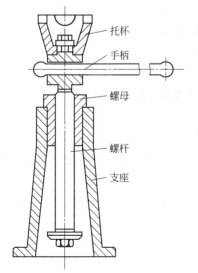

图 12-2　小型千斤顶结构简图

第四部分 模拟试题

模拟试题一（多学时用）

一、是非题（10分）

1. 合金的基本相包括固溶体、金属间化合物和这二者的机械混合物三大类。（　　）
2. 马氏体是碳在 α-Fe 中的过饱和固溶体，由奥氏体直接转变而来，因此，马氏体与转变前的奥氏体含碳量相同。（　　）
3. 钢中合金元素含量越多，则淬火后钢的硬度越高。（　　）
4. 实际金属结晶时，冷却速度越大，则晶粒越细。（　　）
5. 在室温下，金属的晶粒越细，则强度越高、塑性越低。（　　）
6. 铸造合金要求有好的流动性和小的偏析倾向，所以它的凝固温度范围越大越好。（　　）
7. 金属压力加工，是金属坯料在外力的作用下产生弹性变形，从而获得合格毛坯或零件的成形方法。（　　）
8. 为获得优质的焊接接头，不锈钢焊件应选用 CO_2 气体保护焊。（　　）
9. 金属加热超过一定的温度，使晶粒急剧长大而引起材料塑性下降的现象称为过热。（　　）
10. 金属铸件可以通过再结晶退火来细化晶粒。（　　）

二、选择题（10分）

1. 材料的刚度与（　　）有关。
   A. 弹性模量　　　B. 屈服强度　　　C. 拉伸强度　　　D. 延伸率
2. 金属结晶时，冷却速度越快，其实际结晶温度将（　　）。
   A. 越高　　　　　　　　　　　　　B. 越低
   C. 越接近理论结晶温度　　　　　　D. 不受冷却速度影响
3. 共析钢正常的淬火温度为（　　）℃。
   A. 850　　　B. 727　　　C. 760　　　D. 1280
4. 测试布氏硬度值时，第二个压痕紧挨着第一个压痕，则第二次测得的硬度值大于第一次测得的硬度值，这种现象称为（　　）。
   A. 固溶强化　　　B. 细晶强化　　　C. 冷变形强化　　　D. 第二相强化
5. 机床床身应选用（　　）材料。
   A. Q235　　　B. T10A　　　C. HT200　　　D. T8
6. 裂纹是锻件常见的缺陷，产生的主要原因之一是（　　）。
   A. 锻造温度过高　　B. 加热速度太快　　C. 锤击速度太快　　D. 加热太缓慢

7. 对厚度为 2mm 的 06Cr18Ni11Ti 钢进行焊接，用（　　）的工艺方法能得到最好的焊接头。
 A. 电渣焊　　　　B. CO_2 气体保护焊　C. 气焊　　　　　D. 氩弧焊
8. 浇注时铸件的大平面朝下，主要是为了避免出现（　　）缺陷。
 A. 砂眼　　　　　B. 气孔　　　　　　C. 夹渣　　　　　D. 夹砂
9. 镦粗时为了避免毛坯被镦弯，它的尺寸必须符合（　　）。
 A. $h \geqslant 2.5d$　　B. $h \geqslant 3d$　　C. $h \leqslant 5d$　　D. $h \leqslant 2.5d$
10. 两端截面大、中间截面小的铸件，为减少合箱工作的麻烦，可采用外型芯而改为（　　）造型。
 A. 两箱　　　　　B. 三箱　　　　　C. 假箱　　　　　D. 活块

三、填空题（20 分）

1. 铁素体的晶格结构为＿＿＿＿＿，奥氏体的晶格结构为＿＿＿＿＿。
2. 碳素钢的主要缺点是＿＿＿＿＿，因而常用来制造尺寸小，精度不高，＿＿＿＿＿的工件。
3. 常用铸铁的性能主要取决于石墨的＿＿＿＿＿。生产中应用得最广泛的一类铸铁是＿＿＿＿＿。
4. 淬火后的铝合金，强度硬度随时间延长而增加的现象称为＿＿＿＿＿。
5. 金属的结晶过程是金属原子从不规则排列转变到＿＿＿＿＿的过程，结晶过程只有在＿＿＿＿＿条件下才能有效进行。
6. 缩孔是由于铸件在凝固过程中＿＿＿＿＿而形成的。对于收缩大的合金，可设置冒口并采用＿＿＿＿＿原则来加以预防。
7. 模锻与自由锻相比，模锻时金属的塑性＿＿＿＿＿、变形抗力＿＿＿＿＿。
8. 焊接变形是焊接的主要缺陷之一，常见的有＿＿＿＿＿、＿＿＿＿＿、＿＿＿＿＿、扭曲变形和波浪形变形五种。
9. 浇注位置选择的是否合理会影响＿＿＿＿＿；分型面的选择会影响＿＿＿＿＿。
10. 飞轮和齿轮都属于盘类零件，飞轮的毛坯一般采用＿＿＿＿＿生产，而齿轮的毛坯一般采用＿＿＿＿＿生产。

四、简答题（20 分）

1. 不锈钢的固溶处理与稳定化处理的目的各是什么？

2. 影响铸铁石墨化的主要因素有哪些？

3. 什么叫自由锻？有何优、缺点？适合于何种场合使用？

4. 简要说明焊缝布置的一般原则。

五、综合题（40分）

1. 计算 T10 钢在室温平衡条件下的相组成物和组织组成物的相对重量。

2. 直径为 10mm 的 45 钢试样加热到 850℃ 奥氏体化后在不同热处理条件下得到硬度如下表所示，请简要说明：

（1）不同热处理条件下所用热处理工艺的名称和得到的显微组织（填入表中，显微组织名称可用符号表示）。

热处理条件		硬 度		热处理工艺名称	显微组织
冷却方式	回火温度	HRC	HBS		
炉冷	—	—	148		
空冷	—	13	196		
油冷	—	38	349		
水冷	—	55	538		
水冷	200℃	53	515		
水冷	400℃	40	369		
水冷	600℃	24	243		

（2）冷却速度对钢的硬度的影响及其原因。
（3）回火温度对钢的硬度的影响及其原因。

3. 用 45 钢制车床主轴，要求轴颈部位硬度为 56～58HRC，其余地方为 20～24HRC，其加工工艺路线为：锻造→正火→机械加工→轴颈表面淬火→低温回火→磨加工。请说明：
（1）正火的目的及大致热处理工艺参数。
（2）表面淬火及低温回火的目的。
（3）使用状态下轴颈及其他部位的组织。

4. 何谓金属的焊接性？如何用碳当量法来评定钢材的焊接性？试计算下表所列钢材的碳当量 C_{eq}、比较它们焊接性的好坏。

钢号	主要化学成分/%			C_{eq}	焊接性
	C	Si	Mn		
25	0.25	0.30	0.75		
Q345	0.16	0.40	1.50		
45Mn2	0.45	0.40	1.70		

5. 图 1-1 所示为一厚度较大的铸造平板，铸后立即进行机械加工，产生了如图所示的弯曲变形，请回答下列问题：

（1）试分析变形产生的主要原因。

（2）为防止变形的产生，可采取怎样的工艺措施？

（3）为防止变形的产生，平板结构设计上可作怎样的改进？请画出改进后的平板结构示意图。

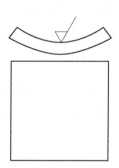

图 1-1 铸造平板

模拟试题二（多学时用）

一、是非题（10分）

1. 晶体缺陷的共同之处是它们都能引起晶格畸变。（　　）
2. F与P是亚共析钢中室温时的主要组成相。（　　）
3. 再结晶过程是一种没有晶格类型变化的特殊结晶过程。（　　）
4. 调质和正火两种热处理工艺所获得的组织分别为回火索氏体和索氏体，它们的区别在于碳化物的形态差异。（　　）
5. 载重汽车变速箱齿轮选用20CrMnTi钢制造，其加工工艺路线是：下料→锻造→渗碳预冷淬火→低温回火→机加工→正火→喷丸→磨齿。（　　）
6. 压力铸造可铸出形状复杂的薄壁有色铸件，它的生产效率高、质量好。（　　）
7. 电渣焊是利用电流通过焊件所产生的电阻热作为热源来进行焊接的。（　　）
8. 金属铸件可以通过再结晶退火来细化晶粒。（　　）
9. 板料冲压大多需在热态下进行。（　　）
10. 在机械制造中，凡承受重载荷、高转速的重要零件，常须通过锻造的方法制成毛坯，再经切削加工而成。（　　）

二、选择题（10分）

1. 金属经冷塑性变形后（　　）。
   A. 强度、硬度升高，塑性、韧性不变　　B. 强度、硬度升高，塑性、韧性下降
   C. 强度、硬度下降，塑性、韧性不变　　D. 强度、硬度、塑性、韧性均升高
2. T10钢的含碳量为（　　）。
   A. 0.01%　　　　B. 0.1%　　　　C. 1.0%　　　　D. 10%
3. 弹簧由于在交变应力下工作，除应有高的强度和弹性外，还应具有高的（　　）。
   A. 塑性　　　　B. 韧性　　　　C. 硬度　　　　D. 疲劳极限
4. 某紫铜管由坯料冷拉而成，这种管在随后进行的冷弯过程中常常开裂，其原因是（　　）不足。
   A. R_m　　　　B. R_{eL}　　　　C. Ae　　　　D. R_{-1}
5. 普通机床变速箱中的齿轮最适宜选用（　　）。
   A. 45钢锻件　　B. 40Cr锻件　　C. Q235焊接件　　D. HT150铸件
6. 终锻温度是停止锻造的温度，如果取得过高，会使锻件产生（　　）。
   A. 裂纹　　　　B. 晶粒粗大　　C. 表面斑痕　　D. 过烧
7. 对于外形和内腔都十分复杂的零件，最好采用（　　）方法生产毛坯。
   A. 铸造　　　　B. 电焊　　　　C. 冲压　　　　D. 模锻
8. 下列金属材料中，最适宜作为焊接构件的是（　　）。
   A. 2Cr13　　　B. HT200　　　C. T8　　　　D. Q345（16Mn）
9. 熔模铸造能够不受分型面限制且可以生产任何种类的复杂铸件，这是因为（　　）。
   A. 蜡模是整体模
   B. 铸型的透气性好

C. 铸型温度较高时进行浇注，合金流动性提高

D. 蜡模能熔化后排出铸型，不要起模过程

10. 焊缝内部较深处缺陷的检查，考虑成本和生产周期及对人体无害等因素，应选择（   ）。

    A. 磁力探伤法   B. 超声波探伤法   C. X 射线探伤法   D. 荧光检验法

三、填空题（20 分）

1. 细化晶粒可以通过_____和_____两种途径实现。
2. 共析成分的铁碳合金室温平衡组织是_____，其组成相是_____。
3. 0Cr18Ni9 钢中 Cr 的主要作用是_____，40Cr 钢中 Cr 的主要作用是_____。
4. 铸铁中的石墨有球状、团絮状、_____和_____等四种。
5. 铝合金的共同特点是_____，因而常用来制造要求重量轻的零件或结构。
6. 铸造应力有_____和_____，前者是由于_____而引起的；后者是由于_____而产生的。
7. 钢在常温下的变形加工为_____加工，而铅在常温下的变形加工则为_____加工。
8. 焊接过程中，对焊件的不均匀加热是焊件产生_____和_____的根本原因。
9. 板料冲压的基本工序有_____和_____。
10. _____是指对金属坯料施加外力使其产生塑性变形而改变形状、尺寸及改善性能、用以制造机器零件或毛坯的成形方法。

四、简答题（20 分）

1. 金属晶粒大小对金属的性能有何影响？说明铸造时细化晶粒的方法及其原理。

2. 试比较 20CrMnTi 与 T12 钢的淬透性与淬硬性。

3. 何谓"合金的充型能力"？影响合金充型能力的因素有哪些？

4. 常见的毛坯成形方法有哪些？

五、综合题（40 分）

1. 现有 A、B 两种铁碳合金，A 的平衡组织中珠光体量占 58.5%、铁素体量占

41.5%；B 的平衡组织中珠光体量占 92.7%、二次渗碳体占 7.3%，请问：

(1) 这两种合金按平衡组织的不同各属于 Fe-Fe₃C 相图上的哪一类钢？
(2) 画出这两种合金室温平衡组织的示意图并标出各组织组成物的名称。
(3) 这两种合金的含碳量各为多少？如果是优质碳素钢，钢号分别是什么？
(4) 如果分别用这两种钢制造机械零件或工具，应分别采用何种最终热处理工艺？写出工艺参数（加热温度）。

2. 插齿刀是加工齿轮的刀具，形状复杂，要求具有足够的硬度（63～64HRC）和热硬性，选用 W18Cr4V 制造，要求：
(1) 编制简明生产工艺路线。
(2) 说明各热加工工序的主要作用。
(3) 说明最终热处理工艺参数（加热温度）及处理后的组织。

3. 改进图 2-1 所示铸件的结构，并简要说明修改的理由。

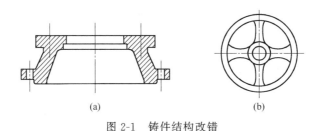

图 2-1　铸件结构改错

4. 拟定图 2-2 所示齿轮的自由锻工艺过程。

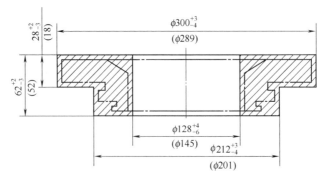

图 2-2　齿轮

5. 简述分型面的选择原则，试分析图 2-3 所示铸件哪一种分型面合理，并说明理由。

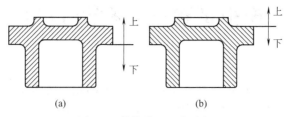

图 2-3 铸件分型面的选择

模拟试题三（多学时用）

一、是非题（10分）

1. 一般来说，金属中的固溶体塑性比较好、金属间化合物的硬度比较高。（　　）
2. 不论含碳量的高低，马氏体的硬度都很高、脆性都很大。（　　）
3. 金属多晶体是由许多结晶方向相同的单晶体组成的。（　　）
4. 合金元素在钢中以固溶体、碳化物、金属间化合物、杂质等多种方式存在。（　　）
5. 铸铁不能进行热处理。（　　）
6. 铸造合金中，流动性最好的是碳钢，最差的是球墨铸铁。（　　）
7. 机器造型只能采用两箱造型的工艺方法，并要避免活块的使用。（　　）
8. 用没有拔模斜度的模型根本就制作不出铸型。（　　）
9. 自由锻工具简单、通用性强，因此适用于大批量生产。（　　）
10. 厚度为3mm的两块20钢板连接，为使连接处与基本金属等强度，工业上一般采用熔化焊。（　　）

二、选择题（10分）

1. 固溶体的晶格与（　　）相同。
   A. 溶液　　　B. 溶剂　　　C. 溶质　　　D. 溶质或溶剂
2. 钢经调质处理后的室温组织是（　　）。
   A. 回火马氏体　　B. 回火贝氏体　　C. 回火托氏体　　D. 回火索氏体
3. 承受交变应力的零件选材应以材料的（　　）为依据。
   A. R_e　　　B. R_m　　　C. R_{-1}　　　D. R_{eL}
4. 高速钢的热硬性取决于（　　）。
   A. 马氏体的多少
   B. 残余奥氏体的量
   C. 钢的含碳量
   D. 淬火加热时溶入奥氏体中的合金元素的量
5. 铜管拉伸后为避免开裂，在冷弯前应进行（　　）。
   A. 正火　　　B. 球化退火　　C. 去应力退火　　D. 再结晶退火
6. 同样材料的铸件毛坯与锻件毛坯、型材坯料相比，铸件毛坯（　　）。
   A. 力学性能高　　B. 切削加工量少　　C. 化学性能稳定　　D. 金属消耗量多
7. 以下各材料中，流动性最差的是（　　）。
   A. ZG200-400　　B. ZL110　　C. HT100　　D. QT400-18
8. 锻件坯料加热温度过高会造成金属（　　）。
   A. 过热或过烧　　B. 热应力增大　　C. 晶粒破碎　　D. 增大可塑性
9. 焊接电弧可分三个区域，其温度最高的是（　　）。
   A. 阴极区　　B. 阳极区　　C. 弧柱区　　D. 弧柱中心
10. 大批量生产铸铁水管，应选用（　　）铸造。
    A. 砂型　　　B. 金属型　　C. 离心　　　D. 熔模

三、填空题（20分）

1. 金属结晶是依靠_____和_____这两个紧密联系的过程实现的。
2. 45钢用作性能要求不高的零件时，可在_____状态或正火状态下使用；用作要求良好综合性能的零件时，可进行_____热处理。
3. 合金的相结构分为_____和_____两大类。
4. γ-Fe的晶体结构是_____，晶胞中的原子数为_____个。
5. 钢中_____元素引起热脆，_____元素引起冷脆。
6. 合金的流动性是指_____的流动能力，它主要与合金的成分有关，其中共晶合金的结晶是在恒温下进行的，呈_____凝固，它的流动性最_____。
7. 始锻温度是开始锻造温度，也是允许的_____温度。此温度过高，会造成_____等缺陷，过低则使锻造困难。
8. 手弧焊时，焊条中的焊芯主要起_____的作用。
9. 铸件上各部分壁厚相差较大，冷却到室温，厚壁部分的残余应力为_____应力，而薄壁部分的残余应力为_____应力。
10. 板料冲压的基本工序分为_____和_____两类。

四、简答题（20分）

1. 在铁碳相图中存在着三种重要的固相，请说明它们的本质和晶体结构（如，δ相是碳在 δ-Fe 中的固溶体，具有体心立方结构）。

   α 相是_____；
   γ 相是_____；
   Fe_3C 相是_____。

2. 金属材料的刚度与金属机件的刚度两者含义有何不同？

3. 金属的铸造性能、锻造性能和焊接性能各指什么？

4. 熔焊、压焊和钎焊的实质有何不同？

五、综合题（40分）

1. 说出下列材料的强化方法：H70、45钢、HT150、06Cr19Ni10、2A12（LY12）

2. 将 φ5mm 的 T8 钢试样加热奥氏体化后，采用什么工艺可得到下列组织，请写出工艺名称并在 C 曲线上（图 3-1）画出工艺曲线示意图。

   A. 珠光体、B. 索氏体、C. 下贝氏体、D. 托氏体＋马氏体、E. 马氏体＋少量残余奥氏体。

A. 采用工艺为：_____
B. 采用工艺为：_____
C. 采用工艺为：_____
D. 采用工艺为：_____
E. 采用工艺为：_____

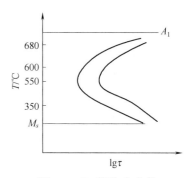

图 3-1　T8 钢的 C 曲线

3. 已知下列各钢的成分，请按序号填出表格。

单位：%

序号	C	Cr	Mn	Ni	Ti
1	0.42	1.00	—	—	—
2	1.05	1.50	—	—	—
3	0.20	1.00	—	—	—
4	0.16	—	1.40	—	—
5	0.11	18.0	—	8.6	0.8
6	0.19	1.22	0.85	—	0.12

序号	钢号	类别	热处理方法	用途举例
1				
2				
3				
4				
5				
6				

4. 如图 3-2 所示的铸铁圆锥齿轮，试回答下列问题：
（1）确定浇注位置和分型面；
（2）对结构上不合理的地方进行必要的修改。

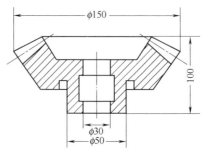

图 3-2　铸造圆锥齿轮

5. 拟定图 3-3 所示偏心轴锻件的自由锻工艺过程。

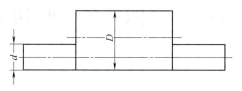

图 3-3　偏心轴锻件

模拟试题四（多学时用）

一、是非题（10分）

1. 凡是由液体凝固为固体的过程都是结晶过程。（   ）
2. $\gamma \rightarrow \alpha + \beta$ 共析转变时温度不变，且三相的成分也是确定的。（   ）
3. 1Cr18Ni9Ti 钢可通过冷变形强化和固溶处理来提高强度。（   ）
4. 用 Q345 钢制造的自行车车架，比用 Q235A 钢制造的轻。（   ）
5. 复合材料具有比其他材料高得多的比强度和比模量。（   ）
6. 由于收缩应力是一种临时应力，所以它对铸件质量不会产生危害。（   ）
7. 高铬钢、不锈钢因含合金元素较多，其导热性差、热量集中，可以用氧-乙炔气割。（   ）
8. 严格控制铸钢、铸铁中的硫含量可使铸件产生热裂纹的倾向大大降低。（   ）
9. 锻造生产是以材料的韧性为基础的，球墨铸铁、可锻铸铁都能进行锻造。（   ）
10. 锤上模锻可用锻模上的凸出部分直接锻出锻件上的通孔。（   ）

二、选择题（10分）

1. 钢合适的渗碳温度是（   ）℃。
   A. 650   B. 800   C. 930   D. 1100
2. 能减小淬火变形开裂的措施是（   ）。
   A. 加大淬火冷却速度   B. 选择合适的材料
   C. 升高加热温度   D. 增加工件的复杂程度
3. 测定铸铁的硬度，应采用（   ）。
   A. HBW   B. HRC   C. HRA   D. HV
4. 汽车板簧应选用（   ）材料。
   A. 45钢   B. 60Si2Mn   C. 2Cr13   D. Q345
5. 金属材料、陶瓷材料和高分子材料的本质区别在于它们的（   ）不同。
   A. 性能   B. 结构   C. 结合键   D. 熔点
6. 在大量生产要求内孔和外圆有很高同轴度的垫圈时，应选用（   ）冲模来生产。
   A. 组合   B. 连续   C. 复合   D. 复杂
7. 模样的作用是形成铸件的（   ）。
   A. 浇注系统   B. 冒口   C. 内腔   D. 外形
8. 为了减小收缩应力，型砂应具备足够的（   ）。
   A. 强度   B. 透气性   C. 退让性   D. 耐火性
9. 压铸模通常采用（   ）钢制造。
   A. CrMnMo   B. 3Cr2W8V   C. Cr12MoV   D. T10
10. 在自由锻造时，坯料加热内部未热透会产生（   ）。
    A. 轴心裂纹   B. 夹层   C. 裂纹   D. 气孔

三、填空题（20分）

1. 对冷塑性变形后的金属加热时，其组织和性能的变化过程大致可分为_____

_____等阶段。

2. H59（黄铜）的组织由固溶体和金属化合物组成，试比较其强度和塑性的大小。
强度：H70_____ H59_____ 塑性 H70_____ H59_____

3. 冷处理的目的是_____，此时发生的残余奥氏体的转变产物为_____。

4. 金属材料的硬度随材料的不同而采用不同测试方法，一般铝合金采用_____法，硬质合金刀片采用_____法，淬火钢采用_____法。

5. 对某亚共析钢进行显微组织观察时，若估计其中铁素体含量约占10%，其含碳量约为_____，该钢属于_____碳钢。

6. 缩孔是集中在铸件上部或最后凝固部位容积较大的收缩孔洞，形成的原因是_____收缩和_____收缩所缩减的体积得不到补充，防止的方法是使铸件实现_____凝固。

7. 影响锻造性的主要因素有_____和_____。

8. 拉深时通常用_____来控制变形程度，此值一般为_____。

9. 按焊接过程特点，焊接方法可分为_____三大类。

10. 影响碳钢焊接性能的主要因素是_____，所以常用_____来估算碳钢焊接性的好坏。

四、简答题（20分）

1. 比较正火和调质这两种热处理工艺。

2. 机件选材时遵循的基本原则是什么？

3. 为什么生产薄壁铸件常采用高温快速浇注的方法？

4. 绘制自由锻件图和模锻件图时，应考虑的主要因素各是什么？

五、综合题（40分）

1. 现有 A、B 两种铁碳合金，A 的显微组织为75%珠光体+25%铁素体；B 的显微组织为92%珠光体+8%二次渗碳体。计算并回答：

(1) A、B两合金的含碳量大约是多少？

(2) A、B两合金按显微组织的不同分属哪一类钢？

2. 某一尺寸为 Φ30mm×250mm 的轴用 30 钢制造，经高频表面淬火（水冷）和低温回火，要求摩擦部分表面硬度达 50～55HRC，但使用过程中摩擦部分严重磨损，试分析失效原因，并提出解决问题的方法。

3. 选择下列铸件应采用的成形方法：

(1) φ50 铸造高速钢麻花钻；(2) 台式电风扇底座；(3) 铝活塞；(4) 大口径（φ100）铸铁水管。

4. 试分析在单件小批、成批生产时，图 4-1 所示铸件的分型面位置和造型方法。

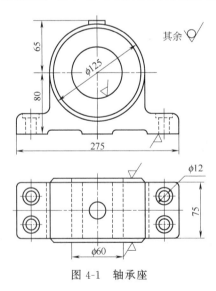

图 4-1 轴承座

5. 图 4-2 所示低压容器,材料为低碳钢,板厚为 15mm,内径为 φ1500mm,长 8000mm,接管为 φ88.9mm×14mm,生产 100 台,试为焊缝 A、B、C 选择焊接方法。

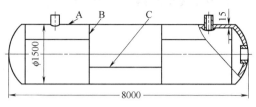

图 4-2　低压容器

模拟试题五（少学时用）

一、是非题（10分）

1. 金属由液态转变为固态的结晶过程，就是由短程有序状态向长程有序状态转变的过程。（ ）
2. 淬透性高的钢淬火后硬度也高。（ ）
3. 马氏体与回火马氏体的一个重要区别在于：马氏体是含碳的过饱和固溶体，回火马氏体是机械混合物。（ ）
4. 钢奥氏体化后，在任何情况下，奥氏体中的碳含量均与钢中碳含量相等。（ ）
5. 不锈钢是指在任何条件下都耐腐蚀的钢种。（ ）
6. 采用金属铸型及重力浇注的方法，称为金属型铸造。（ ）
7. 固态收缩引起的体积减小是形成缩孔的基本原因。（ ）
8. 脱碳是指钢坯料在加热过程中，其表面的碳元素被氧化，而使表面层含碳量降低的现象。（ ）
9. 30 钢与 30CrMnSi 钢因含碳量相同，所以可焊性也相同。（ ）
10. 钢材中各种元素对焊接性的影响，都可以折合成含碳量对可焊性的影响，故按照碳当量法计算的结果，能精确地确定钢材的焊接性。（ ）

二、选择题（10分）

1. 已知 45 钢的 $R_{eL}=355\text{MPa}$；$R_m=600\text{MPa}$；$d_o=\Phi 10\text{mm}$ 的标准圆柱试样受到拉伸力 $F=3.14\times 10^4\text{N}$ 作用时，该试样处于（ ）阶段。
   A. 弹性变形 B. 屈服 C. 强化 D. 断裂
2. A 转变成 F 的过程称为（ ）。
   A. 再结晶 B. 同素异晶转变 C. 共晶转变 D. 共析转变
3. 马氏体是（ ）。
   A. 碳在 α-Fe 中的固溶体 B. 碳在 α-Fe 中的过饱和固溶体
   C. 碳在 δ-Fe 中的固溶体 D. 碳在 δ-Fe 中的过饱和固溶体
4. 为细化晶粒，可采用（ ）的工艺措施。
   A. 快速浇注 B. 低温浇注
   C. 加变质剂 D. 以砂型代金属型
5. 下列热处理方法中，加热时使 T10 钢完全奥氏体化的方法是（ ）。
   A. 去应力退火 B. 球化退火 C. 再结晶退火 D. 正火
6. 内腔复杂的零件，最好用（ ）方法制取毛坯。
   A. 冲压 B. 冷轧 C. 铸造 D. 模锻
7. 在铸造模型的厚薄过渡处或锐角处做成圆角是为了（ ）。
   A. 增加模具强度 B. 方便模具制造
   C. 减小铸件内应力 D. 便于和型芯组装
8. 锻件的力学性能比同样材料铸件好，是因为（ ）。
   A. 剥离的氧化皮带走了材料中的有害杂质

B. 在反复加热和锤打中消除了铸造应力

C. 重结晶中细化了晶粒，并使铸造组织的内部缺陷得到改善

D. 使晶粒变形，获得纤维状组织

9. 始锻温度过高，会造成锻坯金属（   ）。

　　A. 过热或过烧　　　B. 热应力增大　　　C. 晶粒破碎　　　D. 增大可塑性

10. 焊条直径的选择主要取决于（   ）。

　　A. 焊接电流　　　B. 焊缝位置　　　C. 焊接层数　　　D. 工件厚度

三、填空题（20分）

1. 珠光体是由_____和_____构成的机械混合物。

2. 强度是指金属材料在外力作用下抵抗变形和破坏的能力。其中抵抗变形的能力用_____衡量，抵抗破坏的能力用_____衡量。

3. 白口铸铁中碳全部以_____形式存在，灰口铸铁中碳主要以_____形式存在。

4. 铝合金按其成分和工艺特点可分为_____铝合金和_____铝合金二类。

5. 奥氏体的最大溶解度是_____；高温铁素体的最大溶解度是_____。

6. 铸造用合金必须具有良好的铸造性能，这是指_____的流动性、_____的收缩性和小的_____倾向。

7. 对金属的加热能提高金属的_____性，降低其_____抗力，从而改善它的锻造性。

8. 焊接应力包括_____应力和_____应力两种。

9. 预防或减少焊接应力与变形，采用的工艺措施有焊前_____和焊后_____以及反变形、刚性固定等方法。

10. 冲裁是_____统称。

四、简答题（20分）

1. 奥氏体、过冷奥氏体、残余奥氏体有何不同？

2. 简述铸铁石墨化的概念及其影响因素。

3. 简述金属凝固方式及其影响因素。

4. 以低碳钢为例，简述焊接热影响区的组织和性能。

五、综合题（40分）

1. 试述固溶强化、冷变形强化和弥散强化的强化原理，并说明三者的区别。

2. 计算 20 钢在室温平衡条件下的相组成物和组织组成物的相对百分含量。

3. 简述分模面选择的一般原则，并选择如图 5-1 所示锻件的分模面。

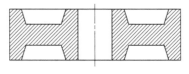

图 5-1　盘类零件

4. 试对图 5-2 所示两种拼板焊缝的布置进行比较，哪种较为合理？为什么？确定较为合理的焊缝的焊接顺序，并简要说明理由。

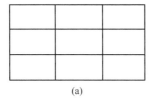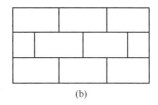

　　　　(a)　　　　　　　　　　(b)

图 5-2　拼板焊缝的布置

模拟试题六（少学时用）

一、是非题（10分）

1. 在铁碳合金平衡结晶过程中，只有成分为 4.3% 的铁碳合金才能发生共晶反应。（　　）
2. Fe_3C_I、Fe_3C_{II}、Fe_3C_{III} 的形态和晶格结构均不相同。（　　）
3. 位错是实际金属晶体的一种面缺陷。（　　）
4. F 与 P 是亚共析钢中室温时的主要组成相。（　　）
5. 一般来说，钢的强度高于铸铁的强度。（　　）
6. 自由锻件的形状结构应尽量简单。（　　）
7. 铸钢的流动性好，铸铁的流动性差。（　　）
8. 熔合区是焊接接头的最薄弱环节。（　　）
9. 冲裁件的断面质量主要与凸凹模间隙有关。（　　）
10. 给铸件设置冒口的目的是为了排出多余的铁水。（　　）

二、选择题（10分）

1. 最适合用 HRC 来表示其硬度值的材料是（　　）。
    A. 铝合金　　　　B. 铜合金　　　　C. 淬火钢　　　　D. 调质钢
2. 为改善冷变形金属塑性变形的能力，可采用（　　）。
    A. 低温退火　　　B. 再结晶退火　　C. 二次再结晶退火　D. 变质处理
3. 具有良好综合力学性能的组织是（　　）。
    A. 上贝氏体　　　B. 下贝氏体　　　C. 珠光体　　　　D. 片状马氏体
4. 黄铜 H90 和 H70 的组织都为单相固溶体，下面说法正确的是（　　）。
    A. H70 的强度、硬度小于 H90，这种现象称为冷变形强化
    B. H70 的强度、硬度大于 H90，这种现象称为冷变形强化
    C. H70 的强度、硬度小于 H90，这种现象称为固溶强化
    D. H70 的强度、硬度大于 H90，这种现象称为固溶强化
5. 某种钢制螺栓，在使用中发现有明显的塑性变形，这说明钢的（　　）不足。
    A. A_e　　　　　B. R_{eL}　　　　C. R_m　　　　　D. R_{-1}
6. 在铸造条件和铸件尺寸相同的条件下，铸钢件的最小壁厚要大于灰口铸铁件的最小壁厚，主要原因是铸钢的（　　）。
    A. 收缩大　　　　B. 流动性差　　　C. 浇注温度高　　D. 铸造应力大
7. 冲压模具结构由复杂到简单的排列顺序为（　　）。
    A. 复合模－简单模－连续模　　　　B. 简单模－连续模－复合模
    C. 连续模－复合模－简单模　　　　D. 复合模－连续模－简单模
8. 有一批经过热变形的锻件，晶粒粗大，不符合质量要求，主要原因是（　　）。
    A. 始锻温度过高　B. 始锻温度过低　C. 终锻温度过高　D. 终锻温度过低
9. 冷铁配合冒口形成定向凝固主要用于防止铸件产生（　　）的缺陷。
    A. 缩孔、缩松　　B. 应力　　　　　C. 变形　　　　　D. 裂纹

10. 焊缝截面上下大小不一致，会造成横向（垂直于焊缝方向）收缩上下不均匀，会产生（　　）。

　　A. 角变形　　　　B. 弯曲变形　　　　C. 扭曲变形　　　　D. 波浪变形

三、填空题（20分）

1. 铁素体的晶体结构为_____；奥氏体的晶体结构为_____。

2. 金属凝固时，_____与_____之间的差值称为过冷度，冷却速度愈大，凝固时过冷度就愈_____。

3. 溶质元素溶入固溶体后，会使溶剂晶格产生_____，使金属强度、硬度升高，称为_____。

4. 铝合金的热处理强化主要是由于其在时效时析出_____，而不是因为晶格的转变。

5. 热处理主要分_____、_____和_____三个阶段。

6. 铸件的变形与开裂是由_____收缩引起的。

7. 液态合金的凝固方式有_____、_____和_____三种。

8. 钢的焊接性能常用_____来评价。

9. 熔焊中常用的是手工_____焊，经济方便适用性强。

10. 金属板料弯曲时，其内侧受_____应力，外侧受_____应力；当外侧应力超过金属的_____时，会引起板料开裂。

四、简答题（20分）

1. 简述三种典型的晶体结构及其有效原子数和滑移系数目，并分析其塑性好坏。

2. 何谓钢的热处理？钢的热处理操作有哪两种基本类型，各种类型又包含哪些工艺？

3. 指出下列零件的毛坯成形方法：（1）减速箱箱体；（2）汽车覆盖件；（3）钢结构件；（4）电视机塑料外壳；（5）机床主轴。

4. 简述焊接接头的组成。

五、综合题（40分）

1. 将一T12钢小试样分别加热到780℃和860℃，经保温后以大于V_k的速度冷却至室温，试问：（T12钢 $A_{c1}=730℃$，$A_{ccm}=830℃$）

（1）哪个温度淬火后晶粒粗大？

(2) 哪个温度淬火后未溶碳化物较多？
(3) 哪个温度淬火后残余奥氏体量较多？
(4) 哪个淬火温度合适？为什么？

2. 分析 T10 钢在室温平衡条件下的相组成物和组织组成物，并分别计算出相组成物和组织组成物的相对重量百分比。

3. 简述分型面选择的一般原则，并在图 6-1 中画出铸件的分型面。

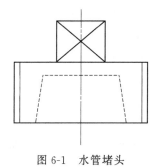

图 6-1 水管堵头

4. 分析如图 6-2 所示零件的结构工艺性，并对其不合理之处进行改进。

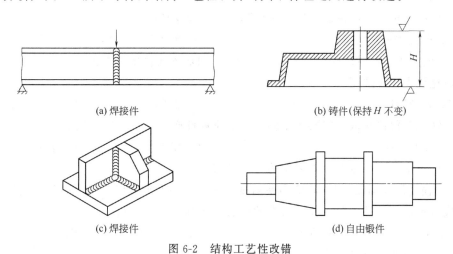

图 6-2 结构工艺性改错

模拟试题七（少学时用）

一、是非题（10分）

1. 材料在弹性变形阶段满足 $\sigma=E\varepsilon$（胡克定律），因此 E 是弹性指标。（ ）
2. 低碳钢或高碳钢件为便于进行机械加工，可预先进行球化退火。（ ）
3. 冷变形强化、固溶强化均使材料强度、硬度显著提高，塑性、韧性明显降低，故可认为它们有相同的强化机理。（ ）
4. 淬透性主要取决于冷却速度。（ ）
5. 在 1Cr18Ni9、Cr12、GCr15 等三种钢中，GCr15 钢的含 Cr 量最低。（ ）
6. 铸件的壁越厚（＞临界壁厚）则强度越低，其原因是收缩率大。（ ）
7. 金属在常温下进行塑性变形总会产生冷变形强化。（ ）
8. 金属的锻造性与锻压方法无关而与材料的性能有关。（ ）
9. 设计弯曲模时，一般要比弯曲件小一个回弹角。（ ）
10. 焊接件最容易发生破坏的部位是焊缝。（ ）

二、选择题（10分）

1. 材料的刚度与（　　）有关。
   A. 弹性模量　　B. 屈服强度　　C. 拉伸强度　　D. 延伸率
2. 金属结晶时，冷却速度越快，其实际结晶温度将（　　）。
   A. 越高　　　　　　　　　　　B. 越低
   C. 越接近理论结晶温度　　　　D. 不受冷却速度影响
3. 工程上根据（　　）计算金属材料的许用应力。
   A. 弹性极限　　B. 抗拉强度　　C. 屈服强度　　D. 疲劳强度
4. 共析钢加热为奥氏体后，冷却时所形成的组织主要决定于（　　）。
   A. 奥氏体加热时的温度　　　　B. 奥氏体在加热时的均匀化程度
   C. 奥氏体冷却时的转变温度　　D. 奥氏体的冷却速度
5. 坦克履带板应选用（　　）。
   A. ZGMn13　　B. 40Cr　　C. 20Cr　　D. W18Cr4V
6. 冷铁配合冒口形成定向凝固主要用于防止铸件产生（　　）的缺陷。
   A. 缩孔、缩松　　B. 应力　　C. 变形　　D. 裂纹
7. 生产中提高合金流动性常采用的方法是（　　）。
   A. 提高浇注温度　　B. 降低出铁温度　　C. 加大出气口　　D. 延长浇注时间
8. 模锻带通孔的锻件时，孔内留下的一层金属称作（　　）。
   A. 毛刺　　B. 飞边　　C. 敷料　　D. 连皮
9. 钎焊接头的主要缺点是（　　）。
   A. 焊接变形大　　B. 热影响区大　　C. 应力大　　D. 强度低
10. 发动机缸体的毛坯成形方法一般选择（　　）。
    A. 铸造　　B. 锻造　　C. 冲压　　D. 焊接

三、填空题（20分）

1. 灰铸铁中石墨的形态为_____，可锻铸铁中石墨的形态为_____。
2. 单晶体变形的基本方式是_____和_____。
3. 珠光体向奥氏体的转变可分为四个阶段：A 的_____，A 的_____，Fe_3C 的_____，A 的_____。
4. 马氏体有片状马氏体和_____马氏体两种形态。
5. 晶体中常见的面缺陷有_____和_____。
6. 铸铁中缩孔和缩松是在_____收缩和_____收缩两个阶段形成。
7. 防止铸件变形的方法有：设计时_____，工艺上采用_____凝固原则。
8. 浇注位置的选择，主要保证铸件的_____；而分型面的选择主要考虑_____。
9. 冲裁工序中，落下部分为工件的工序称_____，而落下部分为废料的工序称为_____。
10. 选择焊条的一般原则是_____。

四、简答题（20分）

1. 简述弹性变形与塑性变形的主要区别。

2. 简述 $Fe-Fe_3C$ 相图中两个基本反应：共晶反应及共析反应，写出反应式，标出反应温度。

3. 与自由锻相比，模锻有哪些特点？

4. 根据紧砂原理，砂型铸造中机器造型方法有哪些？

五、综合题（40分）

1. 图 7-1 为 $Fe-Fe_3C$ 相图，根据该图回答下列问题：

(1) ①-⑧处所存在的组织组成物的名称是（可用符号）：

①_____ ②_____ ③_____ ④_____
⑤_____ ⑥_____ ⑦_____ ⑧_____

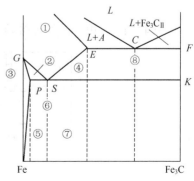

图 7-1 $Fe-Fe_3C$ 相图

(2) 画出⑥处组织示意图。

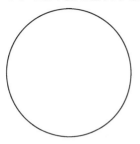

2. 绘出共析钢等温转变曲线,并简述在等温冷却转变时不同转变温度区间的转变产物。

3. 试分析图 7-2 所示铸造应力框:
(1) 铸造应力框凝固过程属于自由收缩还是受阻收缩?
(2) 铸造应力框在凝固过程中将形成哪几类铸造应力?
(3) 在凝固开始和凝固结束时铸造应力框中 1、2 部位应力属什么性质(拉应力、压应力)?
(4) 铸造应力框冷却到常温时,在 1 部位的 C 点将其锯断,AB 两点间的距离 L 将如何变化(变长、变短、不变)?

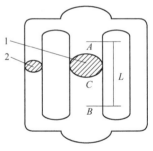

图 7-2 铸造应力框

4. 比较图 7-3 中不同的焊接顺序对焊缝和焊接件质量的影响,并说明原因。

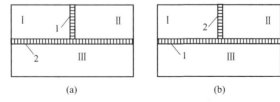

图 7-3 不同的焊接顺序

模拟试题八（少学时用）

一、是非题（10分）

1. A是碳溶于γ-Fe中所形成的置换固溶体，具有面心立方晶格。（　　）
2. 过冷奥氏体转变为马氏体是一种扩散型转变。（　　）
3. 要使45钢工件具有良好的综合力学性能，通常应在粗加工后进行调质处理。（　　）
4. 普通铸铁力学性能的好坏，主要取决于基体组织类型。（　　）
5. 经退火后再高温回火的钢，能得到回火马氏体组织，具有良好的综合机械性能。（　　）
6. 合金的充型能力与其流动性有关而与铸型充填条件无关。（　　）
7. 采用冒口和冷铁是为了防止铸件产生缩孔等缺陷。（　　）
8. 为了使模锻件易从模膛中取出，锻件上应设计出拔模斜度。（　　）
9. 埋弧自动焊焊剂的作用与焊条药皮作用基本一样。（　　）
10. 与低碳钢相比，中碳钢含碳量较高，具有较高的强度，故可焊性较好。（　　）

二、选择题（10分）

1. 金属材料在载荷作用下抵抗变形和破坏的能力叫（　　）。
   A. 硬度　　　　B. 强度　　　　C. 塑性　　　　D. 弹性
2. 每个体心立方晶胞中实际包含（　　）个原子。
   A. 2　　　　B. 4　　　　C. 6　　　　D. 8
3. P+Fe_3C称为（　　）。
   A. L_d　　　　B. Fe_3C　　　　C. L_d'　　　　D. A
4. T12钢与18Cr2Ni4W钢相比，（　　）。
   A. 淬透性低而淬硬性高些　　　　B. 淬透性高而淬硬性低些
   C. 淬透性高、淬硬性也高些　　　　D. 淬透性低、淬硬性也低些
5. 消除工件加工硬化现象应选用的热处理方法为（　　）。
   A. 完全退火　　B. 球化退火　　C. 去应力退火　　D. 再结晶退火
6. 用金属型铸造和砂型铸造来生产同一个零件毛坯，则（　　）。
   A. 金属型铸造时，铸造应力较大，力学性能好
   B. 金属型铸造时，铸造应力较大，力学性能差
   C. 金属型铸造时，铸造应力较小，力学性能差
   D. 金属型铸造时，铸造应力较小，力学性能好
7. 终锻模膛的尺寸、形状与锻件相近，但比锻件放大一个（　　）。
   A. 加工余量　　B. 收缩率　　C. 烧损量　　D. 飞边量
8. 普通车床床身浇注时导轨面应该（　　）。
   A. 朝上　　　　B. 朝下　　　　C. 侧立　　　　D. 倾斜
9. 低碳钢焊接接头中，力学性能最好的是（　　）。
   A. 熔合区　　B. 过热区　　C. 正火区　　D. 部分相变区
10. 对于板料弯曲件，若弯曲半径过小时，会产生（　　）。

A. 飞边　　　　B. 回弹　　　　C. 褶皱　　　　D. 裂纹

三、填空题（20分）

1. 金属中常见的三种晶体结构分别是_____、_____和_____，室温下 α-Fe 的晶体结构属于_____。
2. 典型铸锭结构的三个晶区分别为_____、_____和_____。
3. 通常高碳钢奥氏体化后经淬火所得到的组织为_____和少量的残余奥氏体。
4. 铝合金中最主要的强化方法是_____。
5. 材料选用的原则是_____。
6. 铸件在凝固阶段，产生的应力中_____应力属临时应力。
7. 铸铁合金从液态到常温经历_____收缩、_____收缩和_____收缩三个阶段。
8. 由于模锻无法锻出通孔，锻件应留有_____。
9. 铁碳合金中的含碳量越高，其焊接性越_____，为改善某些材料的可焊性，避免焊接开裂，常采用的工艺是焊前_____，焊后_____。
10. 一般受力较小的轴类零件选择_____毛坯，承受复杂载荷的轴类零件选择_____毛坯。

四、简答题（20分）

1. 试比较重结晶和再结晶。

2. 金属材料在冷加工后其组织和性能会发生哪些变化？

3. 一灰铸铁件，要提高其壁的强度，主要靠增加壁厚行吗？为什么？

4. 简述焊接变形的基本形式。

五、综合题（40分）

1. 下列零件或工具用何种碳钢制造？说出其名称、至少一个钢号以及其热处理方法：手锯锯条、普通螺钉、车床主轴、弹簧钢。

2. 试选择图 8-1 所示铸件的分型面和浇注位置，并说明理由。

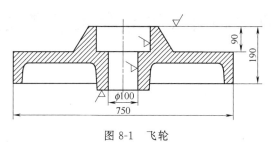

图 8-1　飞轮

3. 试分析图 8-2 所示 T 形梁焊接时可能出现的变形方向，并说明在工艺上防止变形所采取的措施。

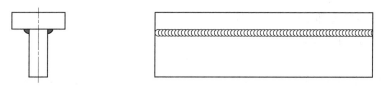

图 8-2　焊接 T 形梁

4. 分析图 8-3 所示毛坯件哪一种结构设计更合理，简要说明原因？

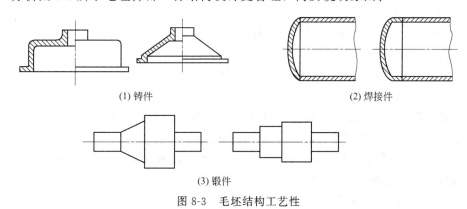

(1) 铸件　　　　　　　　　　　(2) 焊接件

(3) 锻件

图 8-3　毛坯结构工艺性

模拟试题九（研究生入学考试用）

一、填空题（30分，每空1分）

1. 材料失效的三大主要失效形式为_____、_____和_____。
2. 检验淬火钢常采用的硬度指标为_____，布氏硬度常用来测量_____的硬度。
3. 相图是表达_____之间的关系的图形。
4. 珠光体是由_____和_____构成的机械混合物。
5. 钢的淬透性主要取决于_____，淬硬性主要取决于_____。钢的淬透性越高，其临界冷却速度越_____，其C曲线的位置越_____。
6. 淬火钢回火的种类一般有_____、_____、_____等三种，其中要求具有较高硬度和耐磨性的零件宜采用_____回火。
7. QT600-2的材料类别是_____，其中600的含义是_____，2的含义是_____。
8. 0Cr18Ni9钢中Cr的主要作用是_____，40Cr钢中Cr的主要作用是_____。
9. ZGMn13采用_____进行热处理，主要用于_____。
10. 黄铜是铜和_____的合金。
11. 凝固温度范围窄的合金，倾向于_____凝固，容易产生缩孔的缺陷；凝固温度范围宽的合金，倾向于_____凝固，容易产生缩松的缺陷。
12. 常用铸铁的性能主要取决于石墨的_____。
13. 影响锻造性的主要因素有_____和_____。
14. 45钢、20钢及T8钢中焊接性最好的是_____。

二、是非题（30分，每题1分）

1. 位错运动将导致塑性变形，而塑性变形则是可逆的。（   ）
2. ZL104是变形铝合金。（   ）
3. 一般情况下，材料的弹性模量随热加工工艺的变化而发生明显变化。（   ）
4. 合金结晶的温度范围越大，其铸造性能越好。（   ）
5. 20钢淬火后的硬度达不到60HRC，是因为钢的淬硬性太差。（   ）
6. 共析钢退火态组织为P+F。（   ）
7. 缩孔、缩松的产生原因是固态收缩得不到补缩。（   ）
8. 金属型铸造及压力铸造一般不用于浇铸铸铁件，而用于浇铸铸钢件。（   ）
9. 设计弯曲模时一般要比弯曲件大一个回弹角。（   ）
10. 埋弧自动焊焊剂的作用与焊条药皮作用基本一样。（   ）
11. 金属晶体缺陷总是使金属强度降低，不会使金属强度提高。（   ）
12. 不锈钢中含碳量越低，钢的耐蚀性越好。（   ）

13. 在铁碳合金中，只有共析成分点的合金结晶时才发生共析反应。（　）
14. 20钢锻件，为了便于切削加工，一般预先进行正火处理。（　）
15. 与上贝氏体相比，下贝氏体的强度、韧性均较差。（　）
16. 压铸件内部存在气孔，故不宜进行热处理。（　）
17. 焊接电弧的本质是气体在高温下燃烧。（　）
18. 马氏体与转变前的奥氏体含碳量相同。（　）
19. 再结晶过程是一种没有晶格类型变化的特殊结晶过程。（　）
20. 自由锻工具简单、通用性强，因此适用于大批量生产。（　）
21. 严格控制铸钢、铸铁中的硫含量可使铸件产生热裂纹的倾向大大降低。（　）
22. 硬质合金受制造方法的限制，目前主要用于制造形状简单的刀具。（　）
23. 钢中合金元素含量越多，则淬火后钢的硬度越高。（　）
24. 调质和正火的组织分别为回火索氏体和索氏体，两者的区别在于碳化物的形态。（　）
25. α-Fe比γ-Fe的致密度小，故溶碳能力较大。（　）
26. 白口铸铁中碳是以渗碳体的形式存在的，所以其硬度高、脆性大。（　）
27. 马氏体的硬度都很高、脆性都很大。（　）
28. 在1Cr18Ni9、Cr12、GCr15等三种钢中，GCr15钢的含Cr量最低。（　）
29. 金属多晶体是由许多位向相同的单晶体所构成的。（　）
30. 高速钢中的Cr、W、V的主要作用在于提高钢的淬透性。（　）

三、选择题（30分，每题1分）

1. 金属在冷变形过程后进行机加工，一般都需要在其中增加退火工序，其目的是（　）。
   A. 消除网状组织　B. 消除冷变形强化　C. 消除流线　D. 消除偏析组织
2. 当固溶体浓度较高时，随温度下降溶解度下降会从固溶体中析出第二项，为使金属强度、硬度有所提高，希望第二项呈（　）。
   A. 网状析出　B. 针状析出　C. 块状析出　D. 弥散析出
3. 含碳量为4.3%的铁碳合金具有（　）。
   A. 良好的锻造性　　　　　　　B. 良好的综合力学性能
   C. 良好的铸造性　　　　　　　D. 良好的焊接性
4. 冷变形后的工件加热到回复阶段时（　）。
   A. 消除加工硬化　　　　　　　B. 消除残余应力
   C. 重新结晶，晶粒变细　　　　D. 重新结晶，晶粒变粗
5. 钢的淬透层深度取决于（　）。
   A. 临界冷却速度　　　　　　　B. 工件的表面尺寸
   C. 淬火介质的冷却能力　　　　D. 与上述因素都有关
6. 缩孔最可能出现的部位是（　）。
   A. 铸件最上部　　　　　　　　B. 铸件中部
   C. 在铸件最上部及热节处　　　D. 热节部位
7. 铅在常温下的变形属于（　）。
   A. 冷变形　　　　　　　　　　B. 热变形

C. 弹性变形　　　　　　　　　　　D. 既有冷变形也有热变形

8. 锻件中的流线使其力学性能呈现方向性，它（　　）。
   A. 不能消除也不能改变　　　　　B. 可以用热处理消除
   C. 只能用多次锻造使其合理分布　D. 可经锻造消除

9. 对于最常用的低淬透性钢焊接结构，焊接接头的破坏常常出现在（　　）。
   A. 母材　　　B. 焊缝　　　C. 热影响区　　　D. 不确定

10. 实际晶体的面缺陷表现为（　　）。
    A. 空位　　　B. 位错　　　C. 晶界　　　D. 间隙原子

11. 砂型铸造时，铸件壁厚若小于规定的最小壁厚时铸件易出现（　　）。
    A. 缩孔　　　B. 缩松　　　C. 夹渣　　　D. 浇不足与冷隔

12. 倾向于产生缩松的合金成分为（　　）。
    A. 纯金属　　　　　　　　　　　B. 共晶成分合金
    C. 结晶间隔大的合金　　　　　　D. 共析成分合金

13. 冲孔时，凸模刃口的公称尺寸（　　）。
    A. 等于落料尺寸　B. 等于孔的尺寸　C. 大于孔的尺寸　D. 小于孔的尺寸

14. 模锻件上必须有模锻斜度，这是为了（　　）。
    A. 节约金属材料　B. 节约能量　　C. 减少工序　　D. 便于取出锻件

15. 大批量生产汽车储油箱，要求生产率高、焊接质量好、经济性好，应该选用（　　）。
    A. 手弧焊　　　B. 气焊　　　C. 缝焊　　　D. 埋弧自动焊

16. 材料的刚度与（　　）有关。
    A. 弹性模量　　B. 屈服强度　　C. 拉伸强度　　D. 延伸率

17. T10 钢的含碳量为（　　）。
    A. 0.01%　　　B. 0.1%　　　C. 1.0%　　　D. 10%

18. 机床床身应选用（　　）材料。
    A. Q235　　　B. T10A　　　C. HT200　　　D. T8

19. 金属结晶时，冷却速度越快，其实际结晶温度将（　　）。
    A. 越高　　　　　　　　　　　　B. 越低
    C. 越接近理论结晶温度　　　　　D. 不受冷却速度影响

20. 测试布氏硬度值时，第二个压痕紧挨着第一个压痕，则第二次测得的硬度值大于第一次测得的硬度值，这种现象称为（　　）。
    A. 固溶强化　　B. 细晶强化　　C. 冷变形强化　　D. 第二相强化

21. 在大量生产要求内孔和外圆有很高同轴度的垫圈时，应选用（　　）冲模来生产。
    A. 组合　　　B. 连续　　　C. 复合　　　D. 复杂

22. 压铸模通常采用（　　）钢制造。
    A. CrMnMo　　B. 3Cr2W8V　　C. Cr12MoV　　D. T10

23. 共析钢正常的淬火温度为（　　）℃。
    A. 850　　　B. 727　　　C. 760　　　D. 1280

24. 力学性能要求较高的钢制阶梯轴零件宜采用（　　）方法成形。
    A. 铸造　　　B. 锻造　　　C. 焊接　　　D. 粉末冶金

25. 冷铁配合冒口形成顺序凝固主要用于防止铸件产生（　　）的缺陷。
    A. 缩孔、缩松　　B. 应力　　C. 变形　　D. 裂纹
26. 钢淬硬性主要取决于（　　）。
    A. 碳含量　　B. 冷却速度　　C. 合金元素　　D. 晶粒大小
27. 钢渗碳的温度是（　　）。
    A. 600～650℃　　B. 700～750℃　　C. 800～850℃　　D. 900～950℃
28. 某种合金的塑性较低，但又要用压力加工方法成形。此时，选用（　　）方法效果最好。
    A. 轧制　　B. 拉拔　　C. 挤压　　D. 自由锻造
29. 生产批量较大的机架类零件宜采用（　　）方法成形。
    A. 铸造　　B. 锻造　　C. 焊接　　D. 粉末冶金
30. 提高灰口铸铁的耐磨性可采用（　　）。
    A. 整体淬火　　B. 渗碳处理　　C. 表面淬火　　D. 正火

四、工艺分析题（12分，每题3分）

1. 在图9-1中标出铸件的最佳分型面和浇铸位置，并简述理由。

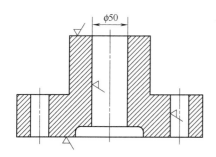

图 9-1　铸件分型面和浇注位置的选择

2. 如图9-2所示汽车半轴，原设计为平锻件，但因工厂条件限制无平锻设备，在这种情况下，改进零件的设计，并拟定毛坯成形方法。

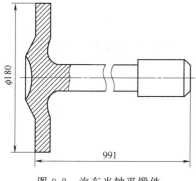

图 9-2　汽车半轴平锻件

3. 试确定图 9-3 所示焊件的焊接顺序。

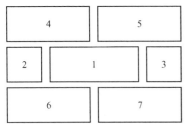

图 9-3 焊接顺序的选择

五、简答题（18 分，每题 3 分）

1. 何谓调质处理？

2. 列出三种细化晶粒的工艺措施。

3. 在 950℃时拉制钨丝，是属于冷变形还是热变形？为什么？（钨的熔点 3380℃）

4. 在生产壁厚很薄、力学性能要求不高的小铸件时，如何提高合金的充型能力？

5. 为什么钢能铸造，而铸铁不能进行锻造？

6. 家用液化石油气罐，如图 9-4 所示，设计压力为 1.5MPa，装存 25kg 液化石油气，大批量生产。试选择罐体、阀座、护板和底座所用焊接方法。

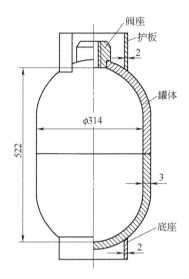

图 9-4 家用液化石油气罐

六、综合题（30 分，每题 10 分）

1. 制造汽车、拖拉机变速箱齿轮，齿面硬度要求 58～62HRC，心部硬度要求 30～45HRC。（1）下列材料中选择合适的材料（35，40，40Cr，20CrMnTi，60Si2Mn，1Cr18Ni9Ti）；（2）根据所给加工工艺路线：下料→锻造→正火→加工齿形→渗碳→预冷淬火→低温回火→喷丸→磨削，说明每一步热处理的作用。

2. T8 钢的 C 曲线图 9-5 所示，若该钢在 620℃进行等温转变，并经不同时间保温后，按照图示的 1、2、3、4 线的冷却速度冷却至室温，试问各获得什么组织？然后再进行中温回火，又获得什么组织？

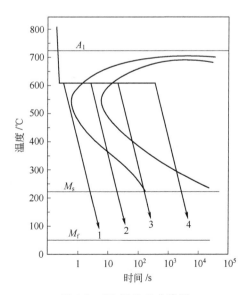

图 9-5 T8 钢的 C 曲线图

3. 给出五种钢的牌号、钢种、最终热处理及其应用实例。

序号	钢种	牌号	最终热处理	应用举例

模拟试题参考答案

模拟试题一

一、是非题

1. ×；2. √；3. ×；4. √；5. ×；6. ×；7. ×；8. ×；9. √；10. ×。

二、选择题

1. A；2. B；3. C；4. C；5. C；6. B；7. D；8. D；9. D；10. A。

三、填空题

1. 体心立方，面心立方；

2. 淬透性差，力学性能低、不具有特殊性能；

3. 形态，普通灰铸铁；

4. 时效强化；

5. 规则排列，有一定过冷度；

6. 液态收缩和凝固收缩的体积得不到补充，定向凝固；

7. 好，大；

8. 收缩、角、弯曲；

9. 铸件质量，造型工艺；

10. 铸造，锻造。

四、简答题

1. 答：不锈钢固溶处理的目的是获得单相奥氏体组织，提高耐蚀性。稳定化处理的目的是使溶于奥氏体中的碳与钛以碳化钛的形式充分析出，而碳不再同铬形成碳化物，从而有效地消除了晶界贫铬的可能，避免了晶间腐蚀的产生。

2. 答：化学成分和冷却速度。

3. 答：自由锻是将加热好的金属坯料放在锻造设备的上、下砧铁之间，施加冲击力或压力，直接使坯料产生塑性变形，从而获得所需锻件的一种加工方法。自由锻的优点是设备简单，操作方便，适应性强、灵活性大，成本低，可锻造小至几克大至数百吨的锻件；缺点是锻件尺寸精度低、材料的利用率低，劳动强度大、条件差，生产率低。自由锻主要适用于单件、小批和大型锻件的生产。

4. 答：(1) 焊缝位置应便于施焊，有利于保证焊缝质量；(2) 焊缝尽可能分散布置，避免密集交叉；(3) 尽可能对称分布焊缝；(4) 焊缝应尽量避开最大应力和应力集中部位；(5) 焊缝应尽量避开机加工表面；(6) 焊缝转角处应平缓过渡。

五、综合题

1. 解答：相：$F=\dfrac{6.69-1.0}{6.69}\times 100\%=83.6\%$；$w(Fe_3C)=1-F=16.4\%$；

   组织：$P=\dfrac{6.69-1.0}{6.69-0.77}\times 100\%=96.1\%$；$w(Fe_3C_{II})=1-P=3.9\%$。

2. 解答：

(1) 不同热处理条件下所用热处理工艺的名称和得到的显微组织如下表所示。

热处理条件		硬 度		热处理工艺名称	显微组织
冷却方式	回火温度	HRC	HBS		
炉冷	—	—	148	完全退火	F+P
空冷	—	13	196	正火	F+S
油冷	—	38	349	淬火	F+T+M+A′
水冷	—	55	538	淬火	M+A′
水冷	200℃	53	515	淬火+低温回火	M回
水冷	400℃	40	369	淬火+中温回火	T回
水冷	600℃	24	243	调质	S回

(2) 冷却速度增大，珠光体类组织变细或得到马氏体类组织，使钢的硬度增大；

(3) 回火温度升高，过饱和 α-Fe 中碳含量降低→碳化物聚集长大→F 再结晶，硬度下降。

3. 解答：(1) 改善切削性能，保证心部力学性能，850℃空冷；

(2) 获得 M，提高硬度和耐磨性；

(3) 消除淬火应力，轴颈表面：M回，轴颈心部：S+F，其他：S+F。

4. 解答：金属材料的焊接性是指材料对焊接加工的适应性，即在一定的焊接工艺条件下，获得优质焊接接头的难易程度。焊接性包括两个方面：一是工艺焊接性，是指焊接接头产生缺陷的倾向，尤其是出现各种裂缝的可能性；二是使用焊接性，是指焊接接头在使用中的可靠性，包括焊接接头的力学性能及其他特殊性能（如耐热、耐蚀性能等）。

碳当量法是把钢中合金元素的含量换算成碳的相当含量来评估焊接时可能产生裂纹和硬化倾向的计算方法。计算公式为：

$$w_{C当量} = w_C + \frac{w_{Mn}}{6} + \frac{w_{Cr}+w_{Mo}+w_V}{5} + \frac{w_{Ni}+w_{Cu}}{15}$$

当 $w_{C当量} < 0.4\%$ 时，钢的淬硬倾向较小，焊接性良好；

当 $w_{C当量} = 0.4\% \sim 0.6\%$ 时，钢有一定的淬硬倾向，焊接性较差，需采用焊前适当预热与焊后缓慢冷却的工艺措施；

当 $w_{C当量} > 0.6\%$ 时，钢的淬硬倾向大，焊接性更差，需采取较高的预热温度等严格的工艺措施。

钢号	主要化学成分/%			C_{eq}	焊接性
	C	Si（可忽略）	Mn		
25	0.25	0.30	0.75	0.375	良好
Q345	0.16	0.40	1.50	0.41	较差
45Mn2	0.45	0.40	1.70	0.733	更差

5. 解答：见成形部分的例 1.4

模拟试题二

一、是非题

1. √； 2. ×； 3. √； 4. √； 5. ×； 6. √； 7. ×； 8. ×； 9. ×； 10. √。

二、选择题

1. B； 2. C； 3. D； 4. C； 5. A； 6. B； 7. A； 8. D； 9. D； 10. D。

三、填空题

1. 增大过冷度，变质处理；

2. 珠光体，铁素体，渗碳体；

3. 提高耐蚀性，提高淬透性；

4. 片状，蠕虫状；

5. 密度小；

6. 热应力，机械应力，各部分冷却速度不一致，收缩受到机械阻碍；

7. 冷，热；

8. 应力，变形；

9. 变形工序，分离工序；

10. 锻压

四、简答题

1. 答：金属晶粒越细，金属的强度越高，塑性和韧性也越好，反之力学性能越差。铸造时细化晶粒的方法有：

（1）增加过冷度：当过冷度增大时，液态金属的结晶能力增强，形核率可大大增加，而长大速度增加较少，因而可使晶粒细化。

（2）变质处理：在液态金属结晶前，加入一些细小的变质剂，使金属结晶时形核率 N 增加，因而可使晶粒细化。

（3）振动处理：在金属结晶时，对液态金属附加机械振动、超声波振动或电磁振动等措施使已生长的晶粒因破碎而细化，同时破碎的晶粒尖端也起晶核作用，增加了形核率，使晶粒细化。

2. 答：20CrMnTi 是一种中淬透性合金渗碳钢，其中有提高淬透性的元素 Mn、Cr、Ni 等，因此淬透性较好。又因这种材料的含碳量较低，淬火后获得的马氏体少，所以，淬硬性差一些。而 T12 钢是一种工具钢，含碳量高淬硬性好，淬透性差一些。

3. 答：熔融金属充满型腔，形成轮廓清晰、形状完整的铸件的能力叫做液态合金的充型能力。影响液态合金充型能力的因素有两个，一是合金的流动性，二是外界条件（铸型条件、浇注条件和铸件结构等）。

4. 答：铸造、锻造、冲压、焊接等。

五、综合题

1. 解答：（1）亚共析钢和过共析钢；

（2）两种合金室温平衡组织的示意图如下图所示。

（3）0.45，1.2；45，T12；

（4）调质 830℃淬火+600℃回火，760℃淬火+200℃回火。

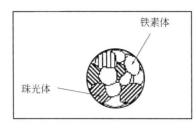
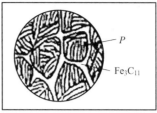

2. 解答：(1) 锻造→退火→机加工→淬火+三次回火→磨削→蒸汽处理；

(2) 锻造：成形，打碎碳化物并使其均布；退火：降低硬度改善切削性能；淬火：得到 M，提高硬度和耐磨性；回火：消除淬火应力，减少 A_R；蒸汽处理：提高耐磨性；

(3) 1200℃分级淬火；560℃回火三次；$M_回$＋粒状碳化物＋少量 AR。

3. 解答：铸件（a）侧壁有凹入部分，将妨碍起模，如要顺利起模，必须另加两个较大的外部芯子，这增加了铸造工艺的复杂性，因此，应将铸件（a）的结构改成下图中左图结构。铸件结构设计时，应尽量使其能自由收缩，以减小应力，避免裂纹。铸件（b）的轮辐呈偶数，虽然制模和刮板造型时分割轮辐简便，但当合金的收缩较大，轮缘与轮辐尺寸比例不当时，常因收缩不一致，热应力过大，并且由于每条轮辐与另一条成直线排列，收缩时互相牵制、彼此受阻，因此铸件无法通过变形自行缓解，易于产生裂纹。因此，铸件（b）的轮辐应采用弯曲轮辐（如下图中的右图）或将其个数改成奇数，这样可通过轮辐本身或轮缘的微量变形缓解内应力，避免裂纹的产生。

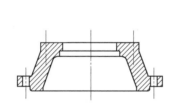
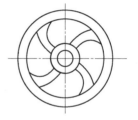

4. 解答：镦粗—局部镦粗—冲孔—修整。

5. 解答：分型面选择原则：

(1) 便于起模，使造型工艺简单；

分型面应选在铸件的最大截面处，以保证从铸型中取出模样而不损坏铸型；分型面应尽量采用直平面，避免曲面分型；尽量减少分型面数量；应尽量减少芯子和活块的数量，以简化制模、造型、合型等工序。

(2) 应尽量使铸件的全部或大部置于同一砂箱中，或使主要加工面与加工基准面处于同一砂型中，以避免产生错箱、披缝和毛刺，降低铸件精度，增加清理工作量；

(3) 应尽量使型腔和主要芯处于下型，以便于造型、下芯、合箱及检验型腔尺寸。

图中所示分型面中：

(a) 是不合理的，铸件分别处于两个砂箱中；

(b) 是合理的，铸件处于同一个砂箱中，既便于合型，又可避免错型。

模拟试题三

一、是非题

1. √；2. ×；3. ×；4. √；5. ×；6. ×；7. √；8. ×；9. ×；10. √。

二、选择题

1. B；2. D；3. C；4. D；5. D；6. B；7. A；8. A；9. D；10. C。

三、填空题

1. 形核，长大；
2. 退火，调质；
3. 固溶体，金属化合物；
4. 面心立方晶格，4；
5. S，P；
6. 熔融金属本身，逐层，好；
7. 加热，过热或过烧；
8. 导电和填充焊缝；
9. 拉，压；
10. 分离工序，变形工序。

四、简答题

1. 答：碳在 α-Fe 中的固溶体，具有体心立方结构；碳在 γ-Fe 中的固溶体，具有面心立方结构；Fe 和 C 形成的金属化合物，具有复杂结构。

2. 答：金属材料的刚度主要与弹性模量有关，金属机件的刚度除与金属材料的弹性模量有关外还与其结构有关。

3. 答：铸造性能：金属材料铸造成形获得优良铸件的能力称为铸造性能，用流动性、收缩性和偏析来衡量。锻造性能：金属材料用锻压加工方法成形的适应能力称锻造性。锻造性能主要取决于金属材料的塑性和变形抗力。塑性越好，变形抗力越小，金属的锻造性能越好。焊接性能：金属材料对焊接加工的适应性称焊接性。也就是在一定的焊接工艺条件下，获得优质焊接接头的难易程度。钢材的碳含量是焊接性好坏的主要因素。低碳钢和碳的质量分数低于 0.18% 的合金钢有较好的焊接性能。碳含量和合金元素含量越高，焊接性能越差。

4. 答：熔焊的实质是金属的熔化和结晶，类似于小型铸造过程。压焊的实质是通过金属欲焊部位的塑性变形，挤碎或挤掉结合面的氧化物及其他杂质，使其纯净的金属紧密接触，界面间原子间距达到正常引力范围而牢固结合。钎焊的实质是利用液态钎料润湿母材，填充接头间隙，并与母材相互扩散实现连接焊件。

五、综合题

1. 解答：冷变形，淬火＋回火，表面淬火，冷变形，冷变形。

2. 解答：A 退火，B 正火；C 等温淬火，D 淬火（油淬），E 淬火（水淬），工艺曲线如下图所示。

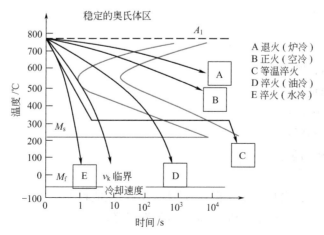

3. 解答：

序号	钢号	类别	热处理方法	用途举例
1	40Cr	调质钢	调质	轴、齿轮、连杆、螺杆
2	GCr15	轴承钢	淬火＋低温回火	轴承
3	20Cr	渗碳钢	渗碳＋淬火＋低回	齿轮
4	16Mn	低合金高强度钢	热轧、正火	桥梁、容器
5	1Cr18Ni9Ti	不锈钢	固溶处理	耐酸设备
6	20CrMnTi	渗碳钢	渗碳＋淬火＋低回	齿轮

4. 解答：(1) 浇注位置和分型面如下图标记所示；

(2) 结构修改如下图细实线所示。

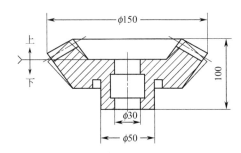

5. 解答：拔长—压肩—锻台阶—修整。

模拟试题四

一、是非题
1. ×；2. √；3. ×；4. √；5. √；6. ×；7. ×；8. √；9. ×；10. ×。

二、选择题
1. C；2. B；3. A；4. B；5. C；6. C；7. D；8. C；9. B；10. A。

三、填空题
1. 回复、再结晶、晶粒长大；

2. <，>；

3. 减少 A_R，M；

4. HBW，HRA，HRC；

5. 0.7%，高；

6. 液态，凝固，顺序；

7. 塑性，变形抗力；

8. 拉深系数，0.5～0.8；

9. 熔焊，压焊和钎焊；

10. 碳含量，碳当量。

四、简答题
1. 答：正火：工艺简单、主要得到 S、综合力学性能稍差；
调质：工艺复杂、主要得到 $S_回$、综合力学性能好。

2. 答:(1) 满足零件使用性能的要求,防止失效事故的出现;

(2) 满足零件的工艺性能的要求,提高成品率;

(3) 满足经济性要求,用最低的成本获取最大的经济效益。

3. 答:浇注温度高,浇注速度快,能使液态金属或合金在铸型中保持液态流动的能力强,改善其流动性,提高充型能力,防止浇不足和冷隔缺陷的产生。

4. 答:对自由锻件而言,应考虑:①敷料;②锻件余量;③锻件公差。

对模锻件而言,应考虑:①分模面;②余量、公差和敷料;③模锻斜度;④模锻圆角半径。

五、综合题

1. 解答:(1) 设 A 合金中 C 含量为 $x\%$,B 合金中 C 含量为 $y\%$。
$25\% = (0.77 - x)/(0.77 - 0.0218)$,$x = 0.58$;$8\% = (y - 0.77)/(6.69 - 0.77)$,$y = 1.24$。

(2) A 合金属亚共析钢,B 合金属过共析钢。

2. 解答:作为表面淬火用钢,30 钢的含碳量偏低,淬火后的硬度不能达到设计要求;可采用渗碳后进行淬火。

3. 解答:(1) 熔模铸造;(2) 砂型铸造;(3) 金属型铸造;(4) 离心铸造

4. 解答:分型面如下图所示:

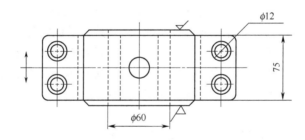

单件小批生产采用手工造型,成批生产采用机器造型。

5. 解答:A 手弧焊,B、C 埋弧焊

模拟试题五

一、是非题

1. √;2. ×;3. √;4. ×;5. ×;6. √;7. ×;8. √;9. ×;10. ×。

二、选择题

1. C;2. B;3. B;4. C;5. D;6. C;7. C;8. C;9. A;10. D。

三、填空题

1. F,Fe_3C;

2. 屈服强度,抗拉强度;

3. Fe_3C(渗碳体),G(石墨);

4. 形变,铸造;

5. 2.11%,0.09%;

6. 良好,小,偏析;

7. 塑,变形;

8. 热，组织；

9. 预热，缓冷和热处理；

10. 冲孔和落料。

四、简答题

1. 答：奥氏体：碳溶入 γ-Fe 中形成的间隙固溶体。

过冷奥氏体：处于临界点以下的不稳定的将要发生分解的奥氏体。

残余奥氏体：马氏体转变结束后剩余的奥氏体。

2. 答：铸铁中的碳原子析出形成石墨的过程称为石墨化。其受化学成分和冷却速度的影响。

3. 答：铸件的凝固方式：（1）逐层凝固　合金在凝固过程中其断面上固相和液相由一条界线清楚地分开；（2）糊状凝固　合金在凝固过程中先呈糊状而后凝固；（3）中间凝固　介于逐层凝固和糊状凝固之间的凝固。

凝固方式的影响因素：（1）合金凝固温度范围；（2）铸件温度梯度。

4. 答：热影响区由于焊缝附近各点受热情况不同，分为过热区、正火区和部分相变区。

（1）过热区　焊接热影响区中，具有过热组织和晶粒明显粗大的区域，称为过热区。过热区被加热到 A_{c3} 以上 100~200℃ 至固相线温度区间，奥氏体晶粒急剧长大，形成过热组织，故该区的塑性及韧性降低。对于易淬火硬化的钢材，此区脆性更大。

（2）正火区　该区被加热到 A_{c3} 至 A_{c3} 以上 100~200℃ 之间，金属发生重结晶，冷却后得到均匀而细小的铁素体和珠光体组织（正火组织），其力学性能优于母材。

（3）部分相变区　该区被加热到 $A_{c1} \sim A_{c3}$ 之间的温度范围内，材料产生部分相变，即珠光体和部分铁素体发生重结晶，使晶粒细化；部分铁素体来不及转变，具有较粗大的晶粒，冷却后致使材料晶粒大小不均，因此，力学性能稍差。

五、综合题

1. 解答：固溶强化：溶质原子溶入溶剂后，引起晶格的畸变，使溶剂金属强度、硬度提高的现象。

冷变形强化：金属进行塑性变形时，由于晶粒内和晶界上位错数量的增加造成金属的强度和硬度升高，而其塑性和韧性下降的现象。

弥散强化指在均匀材料中加入硬质颗粒的一种材料强化手段，其实质是利用弥散的超细微粒阻碍位错的运动，从而提高材料的力学性能。

2. 解答：相组成物：渗碳体 $= 0.2/6.69 \times 100\% = 3\%$，铁素体 $= 1 - 3\% = 97\%$

组织组成物：珠光体 $= (0.2 - 0.0218)/(0.77 - 0.0218) \times 100\% = 23.8\%$，铁素体 $= 1 - 23.8\% = 76.2\%$

3. 解答：分模面选择原则：（1）分模面应选在锻件的最大截面处；（2）分模面的选择应使模膛浅而对称；（3）分模面的选择应使锻件上所加敷料最少；（4）分模面应最好是平直面。

图示零件可选择垂直方向的对称中心为分模面。

4. 解答：图中（b）所示为正确的焊缝布置。

在焊平面交叉焊缝时，在焊缝布置上要尽量减少交叉集中的现象，因为在焊缝交叉点上会产生较大的焊接应力。在设计中应尽量避免交叉焊缝，如不可避免，应采用合理的焊接顺序减小焊接应力。为了减小焊接应力与变形，焊接顺序应考虑"先短后长，先中间后两边"

的对称焊接。焊接顺序如下图所示：

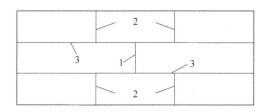

模拟试题六

一、是非题

1. ×；2. ×；3. ×；4. ×；5. √；6. √；7. ×；8. √；9. √；10. ×。

二、选择题

1. C；2. B；3. B；4. D；5. B；6. B；7. D；8. C；9. A；10. A。

三、填空题

1. 体心立方，面心立方；
2. 理论结晶温度，实际结晶温度，大；
3. 畸变，固溶强化；
4. 强化相；
5. 加热，保温，冷却；
6. 固态；
7. 逐层凝固，中间凝固，糊状凝固；
8. 碳当量法；
9. 电弧；
10. 压，拉，抗拉强度。

四、简答题

1. 答：体心立方结构，有效原子数 2 个，滑移系数目 12 个；面心立方结构，有效原子数 4 个，滑移系数目 12 个；密排六方结构，有效原子数 6 个，滑移系数目 3 个。

塑性排序：面心立方结构＞体心立方结构＞密排六方结构。

2. 答：热处理是指将固态金属或合金通过加热、保温和冷却的方式，改变材料整体或表面的组织，从而获得所需性能的一种工艺方法。

热处理包括普通热处理和表面热处理；普通热处理里面包括退火、正火、淬火和回火，表面热处理包括表面淬火和化学热处理。

3. 答：(1) 铸造；(2) 冲压；(3) 焊接；(4) 注塑；(5) 锻造。

4. 答：焊接接头由焊缝、熔合区、焊接热影响区三部分组成，焊接热影响区又包括过热区、正火区、部分相变区和再结晶区。

五、综合题

1. 解答：(1) 780℃下淬火后晶粒更细。860℃＞830℃，即加热温度大于 A_{ccm}，由于奥氏体晶粒粗大，使淬火后马氏体晶粒也粗大。

(2) 780℃下未溶碳化物较多。

(3) 860℃下残余奥氏体量较多。

(4) 780℃更适合淬火。T12 是含碳量为 1.2% 的碳素工具钢,是过共析钢,其淬火温度为 $A_{c1}+(30\sim50)$℃。

2. 解答:相组成物:渗碳体 = $(1-0.0008)/(6.69-0.0008)\times100\%=14.9\%$,铁素体 = $1-14.9\%=85.1\%$;组织组成物:二次渗碳体 = $(1-0.77)/(6.69-0.77)\times100\%=3.9\%$,珠光体 = $1-3.9\%=96.1\%$。

3. 解答:分型面选择的一般原则如下:

(1) 分型面应选在铸件的最大截面上,以保证模样能顺利从铸型中取出。(2) 铸件的加工面与加工基准表面尽量放在同一砂箱中,以保证铸件的加工精度。(3) 应尽量减少分型面数量,并力求采用平面。(4) 为便于造型、下芯、合箱及检验铸件壁厚,应尽量使型腔及主要型芯位于下箱。

分型面如下图所示。

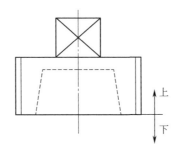

4. 解答:结构修改如下:

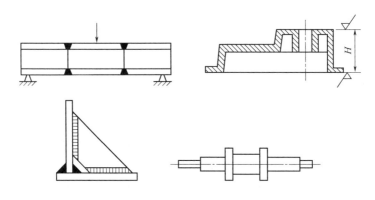

模拟试题七

一、是非题
1. √;2. ×;3. ×;4. ×;5. √;6. ×;7. ×;8. ×;9. √;10. ×。

二、选择题
1. A;2. B;3. C;4. C;5. A;6. A;7. A;8. D;9. D;10. A。

三、填空题
1. 片状,团絮状;

2. 滑移,孪生;

3. 形核,长大,溶解,均匀化;

4. 板条状;

5. 晶界，亚晶界；
6. 液态，凝固；
7. 尽可能使结构对称、壁厚均匀，同时；
8. 质量，造型方便；
9. 落料，冲孔；
10. 同材料等强度。

四、简答题

1. 答：随外力消除而消失的变形称为弹性变形。当外力去除时，不能恢复的变形称为塑性变形。

2. 答：共析反应：冷却到727℃时具有 S 点成分的奥氏体中同时析出具有 P 点成分的铁素体和渗碳体的两相混合物。$\gamma_{0.8} \xrightarrow{727℃} F_{0.02} + Fe_3C_{6.69}$

共晶反应：1148℃时具有 C 点成分的液体同时结晶出具有 E 点成分的奥氏体和渗碳体的两相混合物。$L_{4.3} \xrightarrow{1147℃} \gamma_{2.14} + Fe_3C_{6.69}$

3. 答：①锻件的尺寸和精度比较高，加工余量较小，材料利用率高；②可以锻造形状较复杂的锻件；③锻件内部流线分布合理；④操作方便，劳动强度低，生产率高；⑤锻件质量不能太大，一般在150kg以下，且锻模制造成本很高，不适合于单件小批量生产。

4. 答：(1) 振压造型；(2) 微振压实造型；(3) 高压造型；(4) 抛砂造型。

五、综合题

1. 解答：(1) ① A/γ ② $A+F/\gamma+\alpha$ ③ F/α ④ $A+Fe_3C$
⑤ $F+P$ ⑥ P ⑦ $P+Fe_3C$ ⑧ L_d

(2)

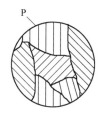

2. 解答：共析钢等温转变曲线略。

在等温冷却转变时不同转变温度区间的转变产物如下。

① 高温转变（珠光体型转变）（发生温度：$A_1 \sim 550℃$）

$A_1 \sim 650℃$：珠光体片层较粗，P（珠光体）；

$650 \sim 600℃$：珠光体层片较细，S（索氏体）；

$600 \sim 550℃$：珠光体层片极细，T（屈氏体）。

② 中温转变（贝氏体型转变）[转变温度：$550℃ \sim M_s(230℃)$]

$560 \sim 350℃$：贝氏体呈羽毛状，称为上贝氏体，记为 $B_上$；

$350 \sim M_s(230℃)$：贝氏体呈针叶状，称为下贝氏体，记为 $B_下$。

③ 低温转变（马氏体转变） 转变温度：$M_s(230℃) \sim M_f$

$M_s(230℃) \sim M_f$：马氏体。

3. 解答：(1) 属于受阻收缩。

(2) 有热应力和机械阻碍应力。

(3) 在凝固开始时,铸造应力框中1受压应力,2受拉应力;

凝固结束时,铸造应力框中1受拉应力,2受压应力。

(4) AB 两点间的距离 L 将变长。

4. 解答：尽可能让焊缝自由收缩,减小焊接结构在施焊时的拘束度,尽可能让焊缝自由收缩,可以最大限度地减少焊接应力。对大型焊接结构来说,焊接应从中间向四周对称进行。

图中（a）所示为正确的焊接顺序,即先焊错开的短焊缝,后焊直通的长焊缝。若按图中（b）所示顺序进行焊接,先焊焊缝1后再焊焊缝2,焊横向焊缝没有自由收缩的可能,这样结构内就产生了较大的焊接应力,造成焊缝交叉处产生裂纹。

模拟试题八

一、是非题

1. ×；2. ×；3. √；4. ×；5. ×；6. ×；7. √；8. ×；9. √；10. ×。

二、选择题

1. B；2. A；3. C；4. A；5. D；6. A；7. B；8. B；9. C；10. D。

三、填空题

1. 体心立方,面心立方,密排六方,体心立方;

2. 表面细等轴晶区,柱状晶区,心部粗等轴晶区;

3. 马氏体;

4. 固溶时效强化;

5. 使用性、工艺性和经济性的统一;

6. 机械;

7. 液态,凝固,固态;

8. 冲孔连皮;

9. 差,预热,热处理;

10. 型材,锻造。

四、简答题

1. 答：重结晶：有些金属在固态下随温度改变会发生同素异晶转变,这便导致结晶后形成的组织在继续冷却过程中发生变化,这一过程称为重结晶或二次结晶。再结晶：变形后的金属在较高温度加热时,由于原子扩散能力增大,被拉长（或压扁）的晶粒通过重新生核、长大变成新的均匀、细小的等轴晶,这个过程称为再结晶。

2. 答：(1) 晶粒沿变形方向拉长,性能趋于各向异性,如纵向的强度和塑性远大于横向等；(2) 晶粒破碎,位错密度增加,产生加工硬化,即随着变形量的增加,强度和硬度显著提高,而塑性和韧性下降；(3) 织构现象的产生,即随着变形的发生,不仅金属中的晶粒会被破碎拉长,而且各晶粒的晶格位向也会沿着变形的方向同时发生转动,转动结果金属中每个晶粒的晶格位向趋于大体一致,产生织构现象；(4) 冷压力加工过程中由于材料各部分的变形不均匀或晶粒内各部分和各晶粒间的变形不均匀,金属内部会形成残余的内应力,这在一般情况下都是不利的,会引起零件尺寸不稳定。

3. 答：不行,因为铸件壁过厚会使心部冷却速度较慢,引起晶粒粗大,还会出现缩孔、缩松、偏析等缺陷，从而使铸件的力学性能下降。

4. 答：收缩变形、角变形、弯曲变形、扭曲变形和波浪形变形。

五、综合题

1. 解答：手锯锯条采用碳素工具钢制造，如 T10A，采用淬火＋低温回火；

普通螺钉用普通碳素结构钢制造，如 Q235，在热轧状态下使用；

普通弹簧采用弹簧钢制造，如 65Mn，采用淬火＋中温回火；

车床主轴用中碳调质钢制造，如 45，采用调质处理。

2. 解答：沿距顶面为"90"的平面进行分型，且顶面朝下放置。理由：满足分型面在铸件的最大截面处，便于造芯，下型，合箱及取出。

3. 解答：根据焊接应力和变形规律，可知近焊缝区受拉，远离焊缝区受压，同时焊缝位置偏心，从而导致 T 形梁产生上翘变形。措施：将板板焊接改为 T 形钢和板焊接，采用反变形或刚性固定法，长焊缝采取"退焊法"以及焊前预热、焊中锤击、焊后热处理等。

4. 解答：（1）右边图的结构更合理。因为左边出现平面结构，铸件结构应尽量避免大的水平面，大的水平面不利于充型，应尽量将水平面设计成倾斜形状。

（2）右图结构更合理。因为左边图焊缝容易产生应力集中，易开裂。

（3）右图结构更合理。因为左边图有斜面，锻件上不应有锥体或斜体结构，锻件成形困难，工艺过程复杂，应尽量用圆柱体代替锥体，用平行平面代替斜面。

模拟试题九

一、填空题

1. 变形，断裂，疲劳；
2. HRC，退火、正火或调质钢件；
3. 相、温度和成分；
4. 铁素体，渗碳体；
5. 合金元素，含碳量，慢，右；
6. 高温回火，中温回火，低温回火，低温；
7. 球墨铸铁，抗拉强度，延伸率；
8. 提高耐蚀性，提高淬透性；
9. 固溶，抗冲击磨损的场合；
10. 锌；
11. 逐层，糊状；
12. 形态；
13. 塑性，变形抗力；
14. 20 钢。

二、是非题

1. ×；2. ×；3. ×；4. ×；5. √；6. ×；7. ×；8. ×；9. ×；10. √；
11. ×；12. √；13. ×；14. √；15. ×；16. √；17. ×；18. √；19. √；20. ×；
21. √；22. √；23. ×；24. √；25. ×；26. √；27. ×；28. √；29. ×；30. ×。

三、选择题

1. B；2. D；3. C；4. B；5. D；6. C；7. B；8. C；9. C；10. C；

11. D；12. C；13. B；14. D；15. C；16. A；17. C；18. C；19. B；20. C；
21. C；22. B；23. C；24. B；25. A；26. A；27. D；28. C；29. A；30. C。

四、工艺分析题

1. 解答：最佳分型面和浇铸位置如下图所示。理由为该分型面和浇铸位置符合选择的一般原则，详见第1章金属液态成形（铸造）学习指导（6）。

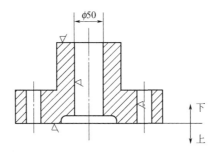

2. 解答：可将原零件分为两个部分，分别锻造后进行焊接。

3. 解答：焊件的焊接顺序如下图所示，即先短后长，先中间后两边。

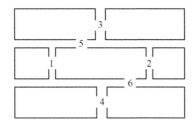

五、简答题

1. 答：调质处理是淬火＋高温回火的简称，处理后获得回火索氏体组织。
2. 答：细化晶粒的措施有：提高结晶时的冷却速度，进行变质处理，附加振动等。
3. 答：属于冷变形，因为950℃小于钨的再结晶温度。
4. 答：可采取提高充型压力的措施，如采用压力铸造。
5. 答：可结合铁碳合金相图进行说明，单相组织具有良好的锻造性能，钢在固态区存在单相奥氏体区，而铸铁固态区均为多相区。
6. 答：罐体采用埋弧自动焊，罐体与阀座、护板和底座连接采用手工电弧焊。

六、综合题

1. 解答：(1) 20CrMnTi；(2) 正火的作用为改善切削加工性能、调整组织，渗碳→预冷淬火→低温回火的作用为表面获得高硬度高耐磨性且心部具有高韧性。

2. 解答：按照图示的1、2、3、4线的冷却速度冷却至室温，获得的组织分别是马氏体＋少量残余奥氏体、珠光体＋马氏体＋少量残余奥氏体、珠光体和珠光体；进行中温回火1和2中的马氏体＋少量残余奥氏体转变为回火托氏体，3、4组织不变。

3. 解答：钢的牌号和种类很多，建议完成此题时尽量选择不同种类的钢，以提高得分。

参 考 文 献

[1] 刘新佳. 工程材料. 北京：化学工业出版社，2005.
[2] 戈晓岚，许晓静. 工程材料与应用. 西安：西安电子科技大学出版社，2007.
[3] 郑明新. 工程材料. 北京：清华大学出版社，1991.
[4] 刘新佳. 材料成形工艺基础. 北京：化学工业出版社，2008.
[5] 李新城. 材料成形学. 北京：机械工业出版社，2000.
[6] 邓文英. 金属工艺学（第四版）. 北京：高等教育出版社，1999.
[7] 严绍华. 材料成形工艺基础. 北京：清华大学出版社，2001.
[8] 高家诚，张廷楷. 工程材料学习指南及习题库. 重庆：重庆大学出版社，1999.
[9] 杨方，王玉. 工程材料与机械制造基础习题集. 西安：西北工业大学出版社，2002.
[10] 边洁. 机械工程材料学习指导. 哈尔滨：哈尔滨工业大学出版社，2003.
[11] 苏玉林，吴鹏. 工程材料及机械制造基础习题册. 北京：高等教育出版社，1995.
[12] 华中工学院、天津大学合编. 金属工艺学学习指导. 北京：高等教育出版社，1983.
[13] 朱张校. 工程材料习题与辅导. 北京：清华大学出版社，2002.
[14] 陈锡琦. 金属工艺学习题集. 北京：高等教育出版社，1985.
[15] 侯玉山，李俊才. 金属材料及热处理学习指导书. 北京：机械工业出版社，1987.
[16] 袁名炎. 金属工艺学（Ⅰ）. 北京：航空工业出版社，1993.
[17] 何世禹. 机械工程材料. 哈尔滨：哈尔滨工业大学出版社，1991.
[18] 张启芳. 热加工工艺基础. 南京：东南大学出版社，1996.
[19] 赵晓军. 机械工程材料实验及课堂讨论指导书. 北京：机械工业出版社，1994.
[20] 姜银方，王宏宇. 机械制造技术基础实训. 北京：化学工业出版社，2007.